「勉強のコツ」シリーズ

小学校の「算数」を5時間で攻略する本

向山洋一 編／石川裕美・遠藤真理子 著

PHP文庫

○本表紙図柄＝ロゼッタ・ストーン（大英博物館蔵）
○本表紙デザイン＋紋章＝上田晃郷

はじめに

算数はわかりやすい教科です

一般に「算数ができる子は頭がよい」といわれます。

また，自分は算数が苦手だと思っている人は，世の中にたくさんいます。しかし，

算数は誰でも得意になれる科目です。 こんなにわかりやすい科目は他にないのです。

算数は，しくみがはっきりとしています。性質もはっきりとしています。そのしくみや性質を理解すれば，算数はぐっと身近なものになります。

算数は，人類の長い歴史の中で，少しずつ工夫をされ，人の知恵によって，公式や図形の性質などの謎が明らかにされてきました。

その謎解きの過程を知ることは，実に楽しいことです。

難しい問題にも，必ず入り口があります。その入り口は，問題ごとに同じようなパターンになっています。ですから，パターンを知れば，からまった糸をほぐすようにして解くことができます。

難しい問題ほど，解くことができたときの喜びは，大きいものです。

算数を解くためのコツ，教えます

本書は，小学校で学習する算数の項目を，大きく5つの分野に分けて，それぞれの学習のポイントについて述べました。

小学校等で習う学習項目は，全部で112項目です。1学年約20項目です。その中の特に重要な項目と，ちょっとひねった，面白い問題を取りあげました。

小学校の問題は，方程式などを使わないで，一つ一つを論理的に解くことが要求されます。有名私立中学の入試問題などは，中学で学習する内容を使えないために，かえって難しくなっています。

しかし，どんな難しい問題でも，同じ仲間の問題であれば，同じ考え方で解けます。解き方の糸口は同じなのです。

本書では，同じ方法を使って問題を解けるように，その問題を解くためのコツを示しました。

コツは問題の型と解き方のポイントを探すことです

難しい問題を子どもに聞かれて困ったお父さんお母さんは，次の手順で解き方を見つけてください。

1．その問題の型をはやく見つける。
2．その問題の解き方の，ポイントを探す。

こうすれば，だいたい解き方が見えてきます。

また，頭のリフレッシュのため，ご自分でも挑戦してみてください。

中学入試の難問の半分がわかれば，算数の実力は現役東大生並みといわれています。

本書は子どもをもつビジネスマン向けに企画されましたが，むろん，小学生でも十分活用できるように構成されています。

算数ぎらいのお子さんをもつお父さん。中学受験に向けて，何かアドバイスをしてあげたいお母さん。この本を役立ててあげてください。

なお，この本は，5時間で小学校の算数をマスターできるように編集されています。しかし，人によって個人差があるのは当然です。

時間を気にすることなく，算数の面白さを感じながらお読みいただければと思います。

向山洋一

小学校の「算数」を5時間で攻略する本

もくじ

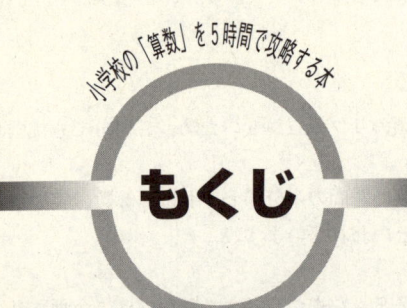

2時間目 ●計算

＋－×÷をモノにすれば算数の計算はバッチリ！

3時間目 ●文章題

つる，かめ，ねずみ，旅人もいる―文章題ってオモシロイ！

4時間目●量と測定

両腕をひろげたり，親指を出したり，昔の人は大変だったネ！

5時間目 ●図形

サイコロを開いたらどうなる?　図形の問題を解くには想像力がポイント!

編集協力　株式会社どりむ社
イラスト　よしのぶもとこ

向山式 算数の成績をあげる5つのポイント

算数の成績をあげるには，勉強の方法がきちんとしているかどうかがポイントです。以下に，向山式の「算数の成績をあげるポイント」を5つあげました。どれもごく基本的なことです。しかし，私の考える5つのポイントがすべてできている子どもは，小学校のクラスでも少ないと思います。これらができるようになると，飛躍的に成績が伸びるのです。

Point 1

「先生にいわれたら，すぐに教科書を開き，問題をノートに写すことができる」

算数ができない子は「算数ができない」というより「勉強のやり方ができていない」場合が多いのです。誰でもできるはずの，教科書をすぐに開くことができない子どもは，クラスに5％から10％くらいいます。そういう子どもは，いわゆる「落ちこぼれ」といわれている場合がほとんどです。先生にいわれてすぐに教科書を開く習慣ができれば，それだけでも苦手な算数をかなり克服することができます。その訓練として，家でも親が指示したこと（例えば「新聞を持ってきて」「お皿を片づけて」など）を正確にやるようにさせることが大切だと思います。

Point 2

「ノートにいたずらがきをしない」

算数に限らず，勉強ができない子どものノートは汚く使っていることが多いのです。というようないたずらがきや，授業には関係のないことがあちらこちらに書かれています。ノートをきれいに使うように，お子さんを注意深く見てみましょう。ノートをきれいに使えるようになり，日付け，ページなどもきちんと書けるようになれば，その子はクラスで半分より上の成績をとることができます。

Point 3

「ノートに数字がきちんと並んでいる」

数字が縦にそろうようにきちんと書ければ算数は大丈夫です。「きちんと書く」とは，位どりがそろっているということです。次ページの①のように，位どりがきちんとしていないと，計算ミスが発生しやすくなってしまうのです。②のように位どりがきちんとしていれば，計算が正確になります。

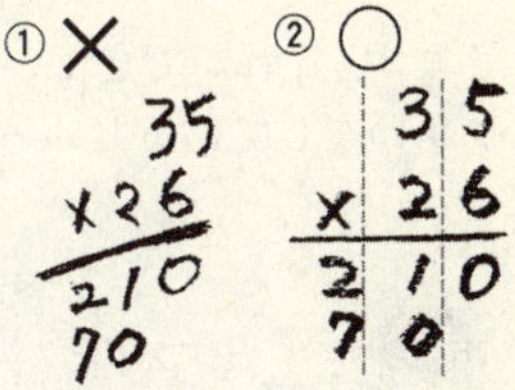

また，線をひくときには小さな定規を必ず使うように心がけていきましょう。定規をきちんと使えるようになれば，ノートをきちんと使えるようになり，算数がよくできるようになるのです。

Point 4

「教科書の練習問題に ／（できた印），✓（まちがえた印）のチェックがしてある」

／✓のチェックがしてある子は，とても優秀な子どもです。

できた問題には／印を，できなかった問題には✓印をつけます。どの問題ができなかったかをすぐに見つけることができるので，できなかったところだけを繰り返し練習することがで

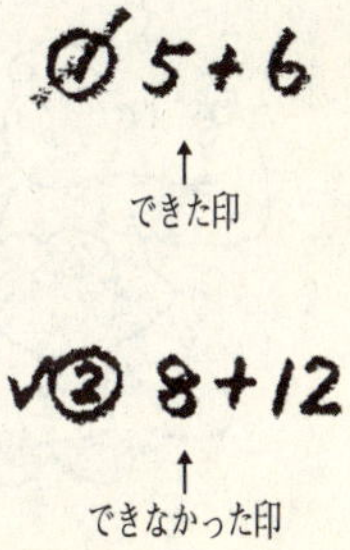

きます。これができていれば，その子はクラスのトップ争いをしているといってもよいでしょう。

Point 5

「やったテストは，必ずまちがいなおしをしている」

小学校では，各教科，1学年に大小合わせて10回くらいはテストをおこないます。テストが返ってきたとき，できなかった問題をそのままにせず，必ずできるようにしておきましょう。お父さん，お母さんは，お子さんにそういう習慣をつけるようにしてください。テストをファイルしておくのは，できる子の家庭ではどこでもやっていることです。

1 時間目

数のしくみ

何気なく使っている数にも
知らないことがこんなにあった！

0の発見は,とっても画期的!

◇ 日頃,何気なく使っている1,2,3…という数。これはアラビア数字(算用数字ともいう)といいますが,このような形になるまでには,長い歴史がありました。

縦書きの文章などを除いて,私たちは主にこのアラビア数字を使っていますが,この数字には,12〜14世紀にヨーロッパに広まるまではなかった「0」が使われているのです。

この0はインドで発見され,アラビアで完成し,ヨーロッパに広まりました。0のおかげでどれだけ数を表すのが便利になったかわかりません。

◇ 1,2,3…この数字の中に,どんなしくみがあり,不思議な性質があるのかを,問題を解きながら,探っていきましょう。

この章では,次のことを学習します。
1,十進数のしくみ(3年から)
2,小数のしくみ(4年から)
3,分数のしくみと計算(4年から)
4,○進法のしくみ(入試対策)

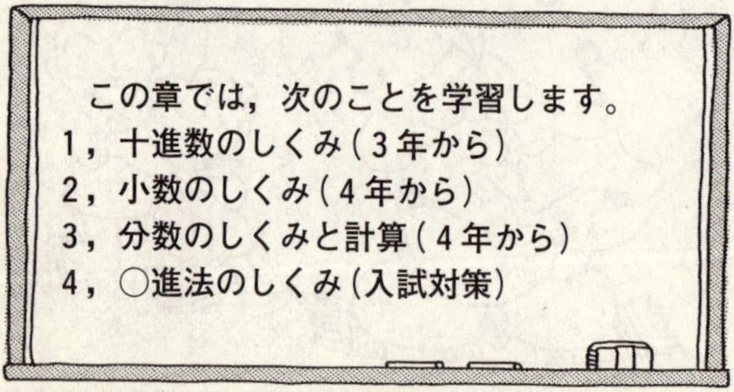

1，十進数のしくみ

千万までの位の数　数列

十進数とは，0，1，2，3，4，5，6，7，8，9 の10種類の数字で表す数のことです。私たちが日常で使っているのはこの十進数です。

算数の基礎基本①　物の数え方

Q　昔の人は，どうやって数を数えたのでしょうか。

数がなかった大昔，羊飼いは自分の飼っている羊の数をどうやって数えていたのでしょうか。

A　小石を羊と同じ数だけ用意して，羊が柵の中に戻ってくるとき，１匹の羊に対して１つずつ小石を置いて数えていた。

例えば，とても大切な屏風《びょうぶ》に，たくさんの「おんどり」と「めんどり」がかかれていたとします。屏風を傷つけないで，それぞれ何羽いるか知りたいときは，どうしたらよいでしょう。

屏風の「おんどり」の上に黒い碁石《ごいし》，「めんどり」の上に白い碁石を落ちないようにのせて，後から数えるとうまくいきます。

これも，物と物とを１つずつ対応させて数える方法です。**一対一対応《いちたいいちたいおう》**といいます。

覚えよう!

物と物とを１つずつ対応させて数える方法を一対一対応という。

算数　ものしりコラム

●いろいろな数の表し方

世界には，昔から，次のようないろいろな数の表し方がありました。今，小学校で主に使うのはアラビア数字です。

アラビア数字(算用数字)⇒0　1　2　3　4　5　6　7　8　9　10…
漢数字　⇒　一　二　三　四　五　六　七　八　九　十…
ローマ数字　⇒　Ⅰ　Ⅱ　Ⅲ　Ⅳ　Ⅴ　Ⅵ　Ⅶ　Ⅷ　Ⅸ　Ⅹ…

●0の発見で生まれた「十進法」

漢数字，ローマ数字には，「0」はありません。(漢数字の表記では三〇などとすることもありますが，概《がい》念《ねん》としての「0」はありません)

「0」は，アラビア数字にしかありません。

「0」があるおかげで，10のかたまりで位を増やす「十進数」が誕生《たんじょう》しました。

●0の特徴

0は偶数《ぐうすう》なのでしょうか，それとも，奇数《きすう》なのでしょうか。実は，0は偶数なのです。

偶数と奇数との間には，以下のような法則があります。

奇数＋奇数＝偶数　　奇数×奇数＝奇数
奇数＋偶数＝奇数　　奇数×偶数＝偶数
偶数＋偶数＝偶数　　偶数×偶数＝偶数

実際に数字をあてはめてみます。

1（奇数）＋0＝1（奇数）　1（奇数）×0＝0

2（偶数）＋0＝2（偶数）　2（偶数）×0＝0

上のように,0は偶数のパターンにあてはまります。

また，数直線をかいてみると，0は偶数になることがわかります。

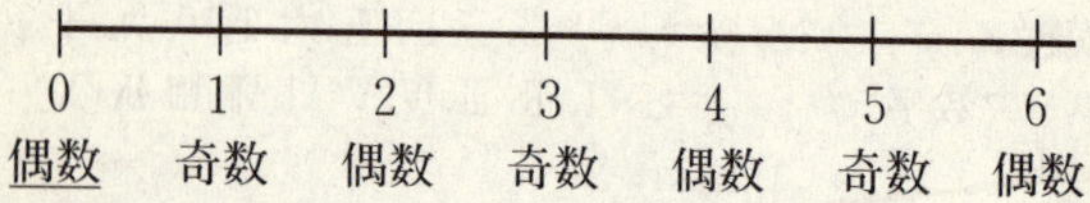

●桁《けた》のとり方

漢数字で数字の読みを表してみると，4桁ごとに新しい単位になっています。

1…一	10000…一万	100000000…一億
10…十	100000…十万	1000000000…十億
100…百	1000000…百万	10000000000…百億
1000…千	10000000…千万	100000000000…千億

英語では3桁ごと（1000倍ごと）に新しい単位になるので，コンマをつけ，読みやすくしています。

1……………ワン（一）	1,000,000……ミリオン（百万）
100……ハンドレッド（百）	1,000,000,000……ビリオン（十億）
1,000………サウザンド（千）	

チャレンジ 問題★1

位どりに注目して数をつくろう

（1） 5枚の数字カードを使って5桁の数をつくります。

3	0	1	8	5

① いちばん大きな数を求めなさい。
② いちばん小さな数を求めなさい。

（2） 6つの数字カードを使って，6桁の数をつくります。

その中で，40万にいちばん近い数を求めなさい。

3	7	4	0	2	9

3年生…応用

チャレンジ問題★1の答え

（1）　① いちばん大きい数　　85310
　　　② いちばん小さい数　　10358
（2）　402379

●●●解説●●●

数字の場所によって，数の大きさがちがってくることをポイントにした問題です。

（1）　大きい数は，いちばん大きな数字から並べていけばよいわけです。小さい数も小さい順に並べればよいわけです。ですから，0を置けばよいのですが，01358という表し方はしません。この場合，「1358」の4桁の数になってしまうからです。そこで，0以外でいちばん小さな1からはじめ，次に0を置き，あとは小さい順に並べていきます。

（2）　40万前後の数を，まずつくります。
40万以上でいちばん小さい数は，402379…①
40万以下でいちばん大きい数は，397420…②

どちらが，より40万に近いかというと，①は差が2379，②は差が2580となり，①の方が近いということがわかります。

チャレンジ 問題★2

数列の謎《なぞ》を解こう

次の数列には，それぞれあるきまりがあります。□の中にあてはまる数字を入れなさい。

(1)　1，4，9，□，25，36

(2)　1，2，4，7，□，16

(3)　1，2，3，5，8，□

（東洋英和女学院中学部）

挑 戦

ここがポイント!

数字が，あるきまったルールによって並んでいるものを数列といいます。

1，2，3，4，5……自然数の数列
0，2，4，6，8……偶数の数列
1，3，5，7，9……奇数の数列

チャレンジ問題★2の答え

（1）　16
（2）　11
（3）　13

●●●解説●●●

それぞれ並んでいる場所（順番）とその数との関係を見つけます。

（1）　1番目の数が1，2番目の数が4です。

4＝2×2と考えられるので，それが他の数にもあてはまるか考えます。

1×1，2×2，3×3，4×4…というようにあてはめることができるので，この数列は，自然数の数列に，それぞれ同じ数を1つかけると考えられます。

（または，前の数に奇数を順番にたすという考え方もできます。　1，1＋③，4＋⑤，9＋⑦…）

（2）　前の数と，次の数との差が，1，2，3，4…と1つずつ増えています。そこでたす数を1つずつ大きくして前の数にたしていけば，答えがでます。

（3）　求める数字の前の2つの数字をたしていきます。したがって答えは5＋8でだせます。

チャレンジ 問題★3

数列の特徴《とくちょう》を利用した応用編

1から順序よく並べた整数に，1個，2個，3個の順に繰《く》り返して，区切りを入れました。

1 | 2　3 | 4　5　6 | 7 | 8　9 | 10…

（1）　84は何番目の区切り（例えば，8は5番目の区切りというように）に入りますか。

（2）　100番目の区切りはどことどこの数字の間にありますか。

（京華中学）

挑　戦

チャレンジ問題★3の答え

（1）　42番目
（2）　199と200の間

●●●解説●●●

（1）　1個，2個，3個というそれぞれの区切りに惑《まど》わされると難しいのです。1個，2個，3個の区切りを1セットとした場合のまとまりがいくつかということで考えます。84という数を6個ずつのまとまりで区切ると　84÷6＝14

わりきれたので，84は14番目のまとまりの最後の数になります。まとまりは，それぞれ3つに分けられるので　14×3＝42となります。

（2）　100番目の区切りを3つずつの区切りで分けると

100÷3＝33あまり1

33セット目のまとまりの，次の区切りが100番目となります。

6×33＋1＝199

そこで，中に入っている数は199です。そこにある区切りが100番目の区切りとなるので，199と200の間が答えです。

①	1	2 3	4 5 6
②	7	8 9	10 11 12
	⋮	⋮	⋮
⑭	79	80 81	82 83 84
	⋮	⋮	⋮
㉝	193	194 195	196 197 198
㉞	199	200 201	202 203 204

チャレンジ 問題★4

並べ方を変えてみよう

あるきまりのとおりに，トランプが並んでいます。
下の図を参考にして，29枚目のカードをかきなさい。
（聖ヨゼフ学園中学）

♥	♣	♠	♦	♥	♣	♠	♦	♥	♣	♠	♦	…
1	13	1	13	2	12	2	12	3	11	3	11	…

挑戦

チャレンジ問題★4の答え

♥ 8

解説

1段	♥ 1	♣ 13	♠ 1	♦ 13
2段	♥ 2	♣ 12	♠ 2	♦ 12
3段	♥ 3	♣ 11	♠ 3	♦ 11
⋮			⋮	
8段	♥ 8	♣ 6	♠ 8	♦ 6

トランプの並び方を変えてみます。

29枚目は，何段目にくるかを調べればよいわけです。

29÷4＝7あまり1

つまり，8段目のいちばん最初となるわけです。

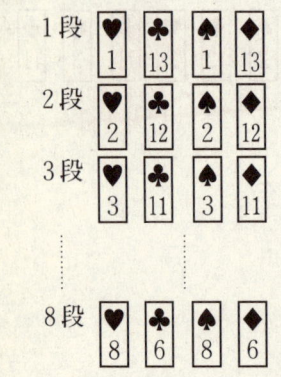

2，小数のしくみ

小数第1位　小数第2位

0より大きく1より小さい数を小数といいます。また，1.3，2.5のように，整数と組み合わせたものも小数といいます。

算数の基礎基本②　1より小さい数は？

Q　0と1との間にある数はいくつでしょうか。

0と1の間には，数がいくつかくれているのでしょうか。

0と1の間を10個に分け，そのうちの1つをさらに10個に分けていきます。それを続けていくと……。

A　無数（たくさんすぎて数えきれない）

下の数直線（数を直線の上に並べたもの）のように，次々と10分の1にできるので，きりがありません。

ですから，答えは，「無数（たくさんすぎて数えきれない）」です。

このように，0より大きく1より小さい数を**小数**といいます。

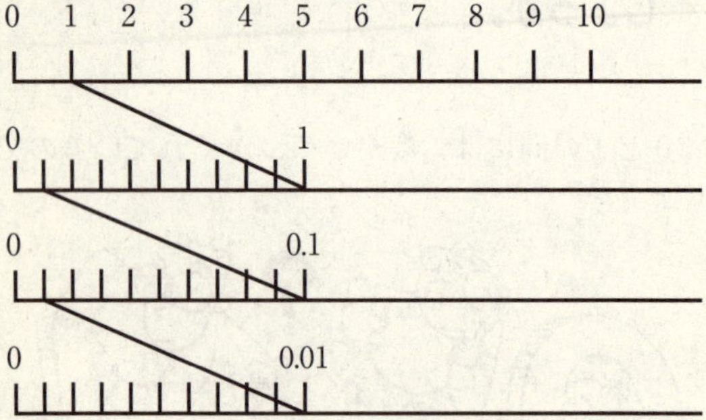

覚えよう!

0より大きく1より小さい数を小数という。

チャレンジ 問題★5

小数の位どりの練習

次の5枚のカードを使って小数点以下3桁の数をつくります。

いちばん大きい数といちばん小さい数を求めなさい。

2 0 5 8 4

□□.□□□

5年生…基本

チャレンジ問題★5の答え

いちばん大きい数……85.402
いちばん小さい数……20.458

●●●解説●●●

数字を並べていちばん大きな数をつくるときは，大きな数字から並べていきます。

この場合は，85420と並ぶはずですが，小数点以下3桁の数をつくる問題なので，最後に0をもってくることはできません。そこで，2と0を交換《こうかん》します。

いちばん小さな数をつくるときは，小さい数字から並べます。

02458と並びますが，0がはじめにくると桁数が変わってしまうので，0と2を交換します。これは「チャレンジ問題★1」（P 21）と同じことですね。

チャレンジ 問題★6

小数点の位どりに注目しよう

小数第3位を四捨五入して，47.12になるような数の範《はん》囲《い》は，いくつ以上，いくつ未満ですか。

5年生…発展

チャレンジ 問題★6 の答え

47.115以上
47.125未満

●●●解説●●●

小数第3位を四捨五入するということは，0.01未満を四捨五入する，つまり0.001の位を四捨五入することと同じです。

切り捨て………47.121～47.124まで

切り上げ………47.115～47.119まで

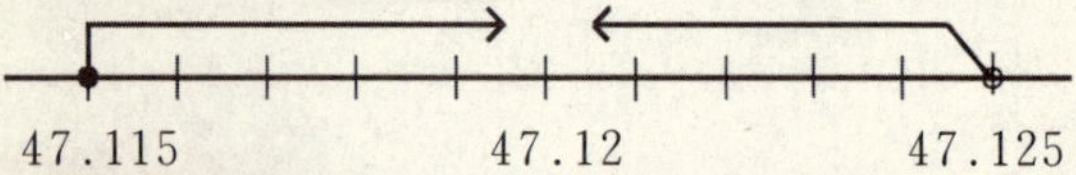

ここがポイント!

未満，以上，以下のちがいは何でしょう。

「18歳未満おことわり」。さて，18歳は,「おことわり」なのでしょうか。

未満というのは，その数自体は入らないことなので「17歳から下」になり，18歳はよいことになります。

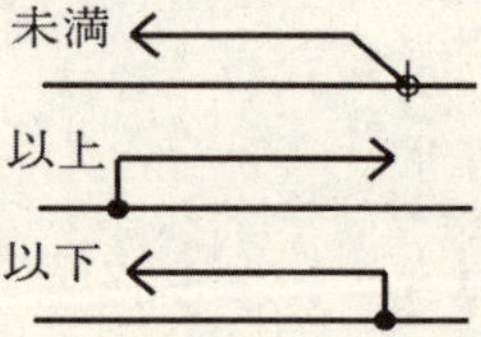

A以上，A以下は，Aの数自体が入ります。

「18歳以下おことわり」

この場合，18歳は「おことわり」なのです。

3, 分数のしくみと計算

分数と小数の関係　異分母分数のたし算

ほとんどの分数は半端の数を表します。ただし，今までの整数や小数とちがって，10のかたまりで位が増えてはいきません。

算数の基礎基本③　公倍数・公約数

Q 1　次の分数の計算をしなさい。

$\frac{1}{3}+\frac{3}{5}$

A 1 $\frac{14}{15}$

分数の計算はふつうの計算とは，やり方がちがい，分母をそろえる必要があります。

$\frac{1}{3}+\frac{3}{5}=\frac{5}{15}+\frac{9}{15}=\frac{14}{15}$

<考え方>

$\frac{1}{3}=\frac{2}{6},\ \frac{3}{9},\ \frac{4}{12},\ \frac{5}{15}\ \cdots$

$\frac{3}{5}=\frac{6}{10},\ \frac{9}{15}\ \cdots$

　このように，同じ大きさの分数をつくっていくと分母が共通な分数が出現します。そこではじめて，計算ができるのです。

　分母になる数は５と３の共通な倍数であるということがいえます。また，共通な倍数のことを**公倍数**《こうばいすう》といいます。

Ｑ２　いちばん小さい公倍数はいくつでしょうか。

　12と18のいちばん小さい公倍数はいくつでしょうか。

Ａ２　36

　12の倍数（12，24，36，48，60…）

　18の倍数（18，36，54…）

　この中でいちばん小さくて共通している「36」を**最小公倍数**《さいしょうこうばいすう》といいます。これは分数を計算するときに**通分**《つうぶん》する分母になります。

　２つ以上の，分母の数がちがう分数について，分母を同じ数にすることを通分といいます。

　同じ数を分母と分子にかけて，分数の大きさを変えないようにします。

分母のちがう分数のたし算ひき算のときには，通分をしないと，計算ができません。例えば，$\frac{1}{3}$と$\frac{1}{4}$を通分するときには，まず，下のようにします。

$$\frac{1}{3}=\frac{2}{6}=\frac{3}{9}=\frac{4}{12} \qquad \frac{1}{4}=\frac{2}{8}=\frac{3}{12}$$

Q3 公約数はいくつでしょうか。

24と36の公約数はいくつでしょうか。

ある整数について，わりきれる数を**約数**《やくすう》といいます。

例えば，8の約数は「1，2，4，8」の4つです。

2つ以上に共通な約数を**公約数**《こうやくすう》といいます。

例えば，12と8の公約数は「1，2，4」の3つです。

A３　６個（１，２，３，４，６，12）

24の約数…1，2，3，4，6，8，12，24
36の約数…1，2，3，4，6，9，12，18，36
両方に共通な約数…1，2，3，4，6，12
この中でいちばん大きい12を**最大公約数《さいだいこうやくすう》**といいます。

最小公倍数…２つ以上の数に共通で，いちばん小さい倍数のことをいいます。
最大公約数…２つ以上の数に共通で，いちばん大きい約数のことをいいます。

ところで，最大公倍数はあるのでしょうか。また，最小公約数はどうでしょうか。

倍数は，どんどん増えて最後がありません。だから，最も大きい数はきめられないので最大公倍数はないのです。

最小公約数については

8の約数…1，2，4，8
12の約数…1，2，3，4，6，12

と考えると，両方に共通で，いちばん小さい公約数は「1」になります。実はすべての数の最小公約数は，「1」なので，意味がないのです。

算数 ものしりコラム

●分数と小数の関係

小数はすべて分数になおせます。ただし，分数はすべて小数になおせるというわけではありません。

分数は，分子÷分母で，小数になおします。

$\frac{1}{3}=0.3333\cdots$というように，わりきれずにずっと同じ数字が続く場合もあります。

他にも，以下のような分数は，わりきれずに続いてしまうものです。

$$\frac{1}{6}=0.16666\cdots$$

$$\frac{1}{7}=0.142857142857\cdots$$

$\frac{1}{6}$の場合，ずっと6が続いていきます。

$\frac{1}{7}$の場合は少し複雑です。小数点以下，［1，4，2，8，5，7］が繰り返されていきます。

分数の中にはきれいにわりきれるものもあります。

次にあげる分数の計算は，代表的なものなので，覚えておくと便利です。

覚えよう!

$\frac{1}{2}=0.5$　　$\frac{1}{4}=0.25$

$\frac{1}{5}=0.2$　　$\frac{1}{8}=0.125$

算数　ものしりコラム

●魔方陣《まほうじん》をつくりましょう。

正方形の枠《わく》を縦，横同じ数に区切って，その中に数字を入れます。

枠の中の数字を縦，横，斜《なな》めの和が同じになるようにしたものを，**魔方陣**といいます。(右の例は1から9をあてはめたもので，魔方陣の代表的なものです)

8	1	6
3	5	7
4	9	2

魔方陣の一例

右上の図では，3つの数字をたすと15になります。この15のような数のことを**方陣定数**《ほうじんていすう》といいます。また，中央の数字は方陣定数の $\frac{1}{3}$ になります。魔方陣をつくるときは，まず，中央の数字をきめます。それから，縦と横に数字をあてはめていき，最後に四隅の数字を入れます。

魔方陣の中には，マイナスの数字や分数をあてはめるものもあります。

チャレンジ 問題★7

これで約分のことはバッチリわかる

0と1の間にある分数で，分母が81の分数は，いくつありますか。約分できるものは除きます。

(開成中学)

6年生…発展

ここがポイント!

分母と分子の両方を同じ数でわり，小さい数字にすることを約分といいます。

チャレンジ問題★7の答え

54個

●●●解説●●●

分母が81で，0～1の間にある分数なので，分子は1～81までとなります。（$\frac{0}{81}$ は0になってしまうので，分数には入りません）

$$\frac{1}{81}\quad\frac{2}{81}\quad\frac{3}{81}\cdots\cdots\frac{80}{81}\quad\frac{81}{81}$$

← 分子
← 分母

約分するためには，81がいくつでわりきれるかを調べなくてはなりません。

81＝3×3×3×3

というように，81は3を4回かけ合わせた数なので，3の倍数となります。

3の倍数がいくつあるかを求めるには，3でわってみればよいので

81÷3＝27

約分できる分数の数は27個。

残りが約分できない数なので

81－27＝54

チャレンジ **問題★8**

約分をどんどんやってみよう

次の計算をしなさい。

$$\frac{1}{2}\times\frac{2}{3}\times\frac{3}{4}\times\frac{4}{5}\times\frac{5}{6}\times\cdots\cdots\times\frac{97}{98}\times\frac{98}{99}$$

6年生…応用

一見，難しそうに見えますが，約分の考えで簡単に解けます。

チャレンジ問題★8の答え

$$\frac{1}{99}$$

解説

計算に取りかかる前に，まず，式を整理します。
問題の式は

$$\frac{1\times2\times3\times4\times5\times6\times\cdots\cdots\times97\times98}{2\times3\times4\times5\times6\times7\times\cdots\cdots\times98\times99}$$

ということです。

ですから，分子と分母で同じ数字どうしを約分することができます。

$$\frac{1}{\cancel{2}}\times\frac{\cancel{2}}{\cancel{3}}\times\frac{\cancel{3}}{\cancel{4}}\times\frac{\cancel{4}}{\cancel{5}}\times\frac{\cancel{5}}{\cancel{6}}\times\cdots\cdots\times\frac{\cancel{97}}{\cancel{98}}\times\frac{\cancel{98}}{99}$$

となり，分子の1と分母の99だけが残ります。

この問題のように，大変そうに見える計算も，約分して式を整理してしまえば，案外簡単に解ける場合も多いのです。

覚えよう!

分数の計算は，計算の途中で約分すると楽になる。

チャレンジ 問題★9

分数は線分図を使って考えよう

ノートと色鉛筆《いろえんぴつ》を買って700円はらいました。ノートの値段は，色鉛筆の値段の $\frac{2}{3}$ にあたります。

ノートと色鉛筆，それぞれいくらですか。

5年生…応用

チャレンジ 問題★9 の答え

ノート　280円
色鉛筆　420円

●●●解説●●●

線分図をかいてみるとわかります。

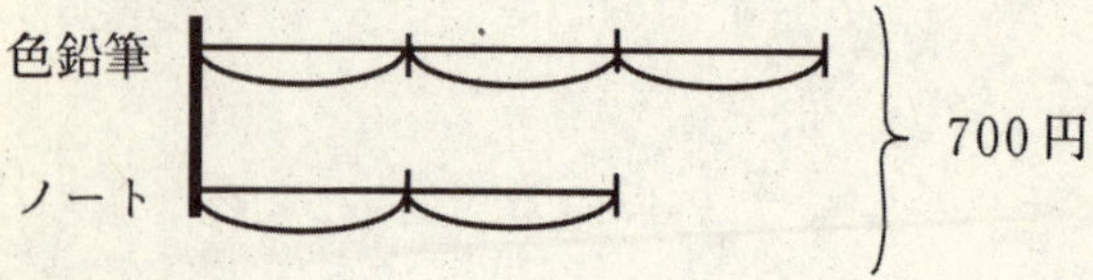

色鉛筆を $\frac{3}{3}$，ノートを $\frac{2}{3}$ と考えると，700円を全部で５つに分けられることがわかります。

700÷５＝140

色鉛筆は５つに分けたうちの３つ分なので

140×３＝420（円）

ノートは２つ分なので

140×２＝280（円）

解き方のコツ!

分数は線分図をかいて考える。

チャレンジ 問題★10

分数の大きさに注意しよう

全校生徒の $\frac{3}{5}$ が下校して，1時間後には，残りの $\frac{3}{4}$ より12人多い子が帰りました。

まだ18人が残っています。

全校生徒の数をだしなさい。

（和洋女子大附属国府台女子中学参考）

5年生…難問

チャレンジ問題★10の答え

300人

●●●解説●●●

はじめに $\frac{3}{5}$ が帰ったので，残りは $\frac{2}{5}$ です。これを線分図でかくと，下の図のようになります。

12（人）＋18（人）＝30（人）

これは，$\frac{2}{5}$ をさらに4つに分けた1つ分なので，

$$\frac{2}{5} \div 4 = \frac{2}{5} \times \frac{1}{4} = \frac{1}{5} \times \frac{1}{2} = \frac{1}{10}$$

つまり，30（人）は全体の $\frac{1}{10}$ になります。よって，30×10＝300（人）となります。

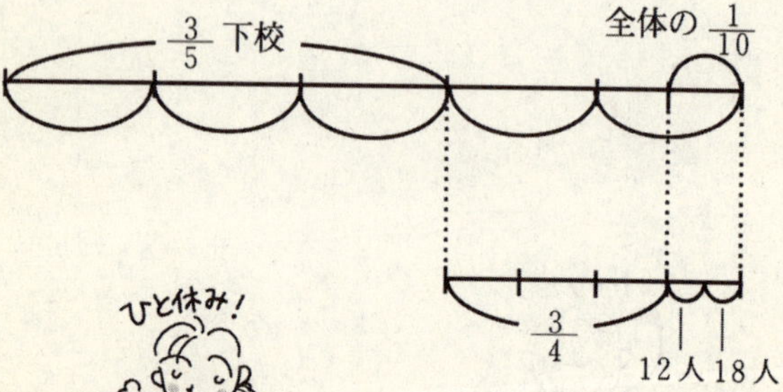

4,○進法のしくみ

入試対策

私たちが普段使っている十進法の他に，いろいろな数の表し方があります。ポピュラーなものに，コンピューターに使われている二進法があります。

算数　ものしりコラム

「十進数」は10ずつ位が増えますが，ちがう表し方もあります。

二進法は，０と１の２種類で数を表す方法です。コンピューターの原理に使われています。電気をとおす，とおさないの２種類で使い分けられるので，便利なのです。

二進法は，０と１だけを使って，桁数を増やしていくことで表します。ですから，当然桁数は大変多くなります。桁数が増えるということは，位どりが多くなっていくということです。

少し難しいのですが，一の位（2^0）の次は，二の位（2^1），四の位（2^2），八の位（2^3）…となっていきます。

ここがポイント!

「十進数の「４」は,二進数で表すといくつになるでしょう」という問題があるとき，次のような解き方ができます。

```
2 ) 4 … 0（あまり）  ↑    4÷2＝2
2 ) 2 … 0（あまり）  │    2÷2＝1
     1               │
 ────────────────────┘
```

下から上に並べて「１００」と表せばよいのです。

この二進法については，詳《くわ》しくは中学校の数学で学習します。本来，小学校ではあまり詳しくふれないのですが，コンピューターのしくみの基《き》礎《そ》の基礎なので少し述べておきました。

[二進法攻略法]　十進数を二進法で表すとどうなるのでしょう。

とにかく，0と1の2種類の数字ですべての数を表さなければなりません。

0…　　0
1…　　1
2…　 10　←　2という数字は使えないので,位を1つ増やして,2桁の数で表していきます。
3…　 11　←　3は，2から1増えたものです。
4…　100　←　3から1増えたとき,2は使えないのでここでも,位を増やします。
5…　101
6…　110
7…　111
8…1000
9…1001

チャレンジ 問題★11

二進法を利用しよう

下のようなランプがあります。つけたり消したりして，右のような１～５の数を表しています。ついたものは●です。

（１） エとオのみついたときは，いくつですか。

（２） このランプでは，最大いくつまで表せますか。

（清泉学院参考）

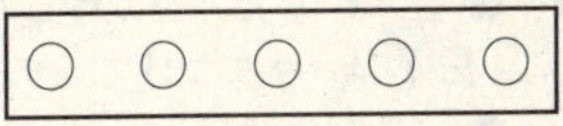

オ	エ	ウ	イ	ア	
○	○	○	○	●	……→ 1
○	○	○	●	○	……→ 2
○	○	○	●	●	……→ 3
○	○	●	○	○	……→ 4
○	○	●	○	●	……→ 5

入試対策…難問

チャレンジ 問題★11 の答え

（1）　24
（2）　31

●●● 解説 ●●●

この問題は二進法と同じ考え方です。
それぞれの位は次のようになっています。

ア.1の位　イ.2の位　ウ.4の位　エ.8の位　オ.16の位

オ	エ	ウ	イ	ア	
○	○	○	○	●	……>1　アに光がつく。
○	○	○	●	○	……>2　イがつく，アは消す。
○	○	○	●	●	……>3　アとイをつける。1＋2＝3
○	○	●	○	○	……>4　ウをつけて，アとイを消す。
○	○	●	○	●	……>5
16の位	8の位	4の位	2の位	1の位	

（1）　上の要領で，エとオがつくので，8＋16＝24

（2）　すべてのランプをつけると，最大の数になります。

1＋2＋4＋8＋16＝31

チャレンジ 問題★12

かくれたきまりを見つけだそう

次のマスは，あるきまりで数を表しています。
では13を表すには，どのようにしたらよいですか。

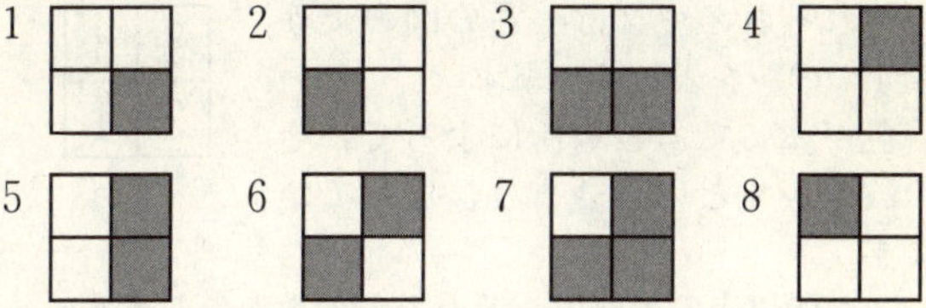

13

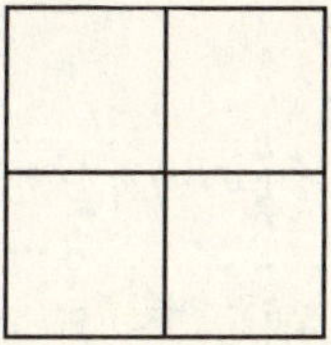

入試対策…超難問

チャレンジ問題★12の答え

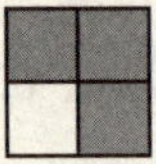

解説

それぞれのマスは，右の図のように4つの数を表しています。

8	4
2	1

色が塗《ぬ》ってある場所によって，その数を表すというきまりになっています。

2か所以上の場合は，それぞれの数をたします。

ですから，13の数を，マスの中の数字をたした形に分解してみます。

13＝8＋4＋1

そこで，8と4と1の場所を塗ればよいわけです。

よく見ると，1，2，4，8…となっていて，二進法の位どりと同じなのです。もっと大きい数を表したいときは，マスを上に積み重ねていけばよいわけです。

チャレンジ 問題★13

きまりを繰り返そう

次のような3つのマスで，すべての整数を表そうと思います。

大きくなるにつれて，3つのマスを1段ずつ積み重ねていきます。

（1） どのようなきまりで数を表していますか。

（2） 50を表すには，どのような形になりますか。

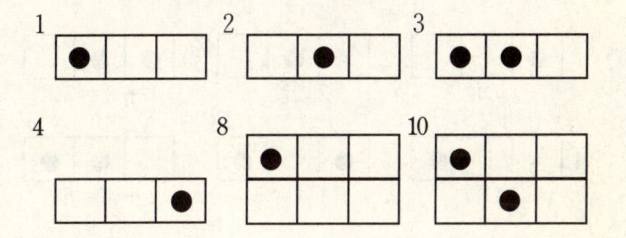

1

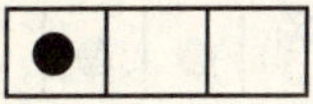

2

3

4

8

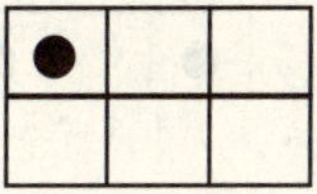

10

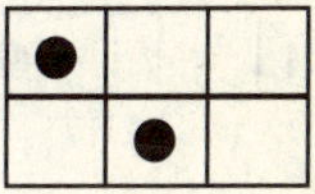

入試対策…超難問

チャレンジ問題★13の答え

（1）　1段目左から，1，2，4

2段目左から，8，16，32というように前の数の2倍の数になっている。

（2）

	●	●
	●	

●●●解説●●●

8	16	32
1	2	4

左の図のように，数がきめられています。●のあるところの表す数の合計が，マス全体の表す数です。

1

●		

1の位

2

	●	

2の位

3

●	●	

1＋2＝3

4

		●

4の位

5

●		●

1＋4＝5

6

	●	●

2＋4＝6

8以上はマスがたりなくなるので，2段目をつくります。

（2）　50＝2＋16＋32

2時間目

計算

＋－×÷をモノにすれば
算数の計算はバッチリ！

計算の性質を知って達人になる

◇ 算数での計算は，たし算，ひき算，かけ算，わり算の4種類ですが，実際の計算の方法としては，＋，－，×の3種類しかありません。
　なぜならわり算は，結局はかけ算の九九を利用して，計算しているからです。

◇ 機械的な計算ではなくて，ちょっと面白い計算を集めましたので，計算しながら，数の面白さを味わってください。

　　　この章では，次のことを学習します。
　　　1，たし算とひき算のしくみ（2年から）
　　　2，かけ算とわり算のしくみ（2年から）

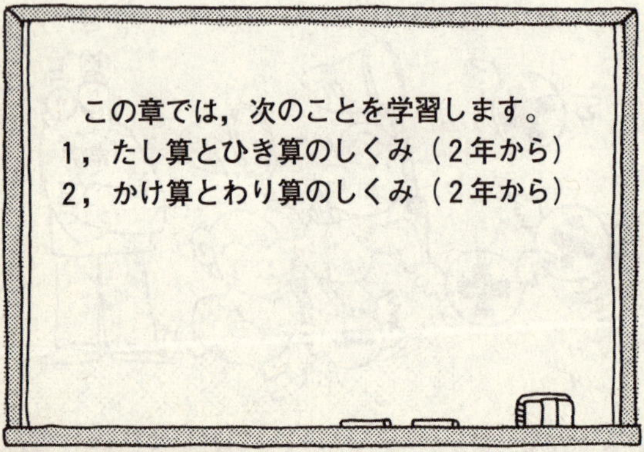

1,たし算とひき算のしくみ

10のまとまりにするたし算

計算問題の基本は，たし算とひき算です。
日常生活でも頻繁に用いる計算を基礎から学習していきます。

算数の基礎基本④　たし算・ひき算の計算の工夫

Q　次の計算をしなさい。

（1）1＋2＋3＋4＋5＋6＋7＋8＋9＋10

（2）10＋20＋30＋40＋50＋60＋70＋80＋90＋100

（3）25＋67＋75＋33

たし算とひき算の計算は，「10の合成分解」が基本になっています。たして10になる組が5組あります。

1＋9　　2＋8　　3＋7　　4＋6　　5＋5

A　**（1）55**
（2）550
（3）200

（1）

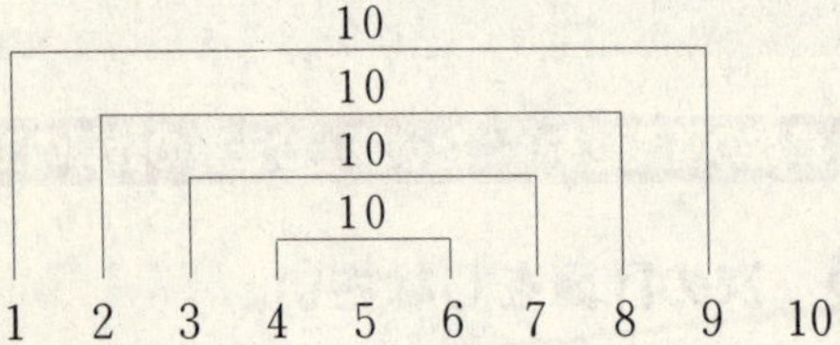

たして10になる組が4組できます。
10×5＋5＝55

（2）　（1）の問題の10倍なので，550

（3）　(25＋75)＋(67＋33)＝100＋100＝200
ちょうどきりのよい100になる組み合わせを探して先に計算します。

たし算は組み合わせを考えておこなう。

チャレンジ 問題★14

見当をつけて計算しよう

次の計算の□の中に，＋か－を入れて，正しい式にしなさい。

（1）　12□3□4□5□67□8□9＝100

（2）　12□3□4□5□6□7□89＝100

（3）　123□4□5□67□89＝100

（4）　123□45□67□89＝100

（5）　98□76□54□3□21＝100

3年生…発展

答えが100になるよう，試《し》行《こう》錯《さく》誤《ご》しながらがんばりましょう。

チャレンジ問題★14の答え

（1）　12＋3－4＋5＋67＋8＋9＝100

（2）　12－3－4＋5－6＋7＋89＝100

　　　または　12＋3＋4＋5－6－7＋89＝100

（3）　123＋4－5＋67－89＝100

（4）　123－45－67＋89＝100

（5）　98－76＋54＋3＋21＝100

●●●解説●●●

１から９までの数字を１つずつ使い，また，その順番のままで，間に＋－×÷と（　）を入れてきまった数にする計算のことを**小町算**《こまちざん》といいます。ここであげたもの以外にもたくさんあるので，探してみましょう。

チャレンジ 問題★15

虫食い算攻略で計算の達人になろう

次の記号は，それぞれに0以外のある数字を表しています。

同じ記号はそれぞれに同じ数字を表し，2つ以上の記号が同じ数字を表すことはありません。

それぞれの記号の数字を求めなさい。

■＝

△＝

◆＝

◇＝

	■	△	0	■
＋		△	0	◆
	◆	0	◇	△

3年生…発展

チャレンジ問題★15の答え

```
   7507      ■＝7
＋  508      △＝5
   8015      ◆＝8
             ◇＝1
```

●●●解説●●●

まず，手がかりを探します。

0＋0＝◇と，記号は0以外の数字であることに注目します。すると，◇は1の位のたし算の繰《く》りあがりなので1ときまります。

次は△＋△が0というところを考えます。同じ数をたして10になるには5しかありません。

1の位から，■＋◆は5となります。千の位の答えを見ると，百の位が繰りあがっているので，◆と■が1つちがいであることがわかります。

たして15になり，ちがいが1なのは7と8になります。◆の方が大きいので，◆＝8，■＝7となります。

チャレンジ　問題★16

連続した整数の合計にはきまりがある

連続する5つの整数をたして1985になるようにしなさい。

4年生…超難問

チャレンジ問題★16の答え

395＋396＋397＋398＋399

●●●解説●●●

続いた整数をたす場合は，奇数《きすう》個だったら真ん中の数，偶数《ぐうすう》個だったら真ん中の2つの数の平均が全体の平均になります。

例えば　1＋2＋3＝6　　　　　6÷3＝2
　　　　1＋2＋3＋4＝10　　10÷4＝2.5

今回は5個なので　1985÷5＝397

397が真ん中の数になります。

よって，その2つ前から5個の数字が答えになります。

チャレンジ 問題★17

あせらず，ていねいに計算することが大事

320個のみかんを，A，B，C，Dの4人に分けました。

Aの個数に4個たした数
Bの個数から4個ひいた数
Cの個数に3をかけた個数
Dの個数を3でわった個数

が等しくなるようにしました。Dは何個になりますか。

(慶応義塾普通部)

5年生…超難問

チャレンジ 問題★17 の答え

180 個

●●● 解 説 ●●●

線分図をかいて考えてみましょう。

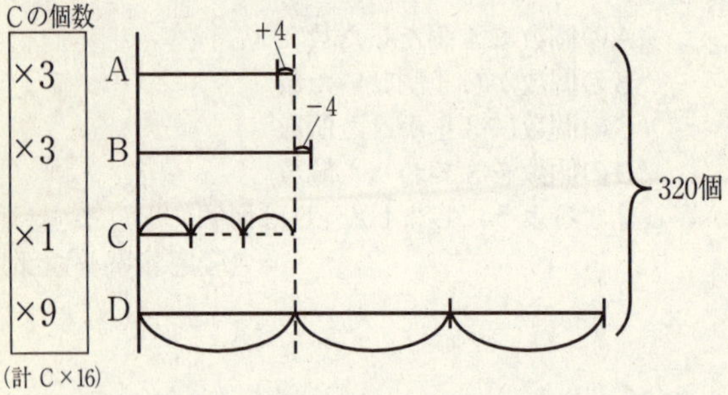

まず，上の図で，Bの多い分をAにまわしたと考えると，AとBは同じ個数（Cの3倍）になります。

また，DはCの9倍の個数になります。

よって，Cが全部で16個あると考えられます。

320 ÷ 16 = 20

Cの個数は20個になります。

DはCの9倍なので，

20 × 9 = 180（個）

2, かけ算とわり算のしくみ

九九　筆算　わり算

かけ算の基礎は，なんといっても九九。どんなに長い計算でも，九九を繰り返し使うだけです。九九は速く，正確にできるようにします。

算数の基礎基本⑤　かけ算・わり算をマスターする

Q　次のかけ算の□にあてはまる数字を入れなさい。

次の計算をしなさい。(制限時間１分)

①　□×８＝56
②　３×□＝18
③　□×６＝54
④　９×□＝45
⑤　□×８＝48
⑥　４×□＝24
⑦　７×□＝42
⑧　□×５＝40
⑨　６×□＝42
⑩　□×７＝56
⑪　□×４＝20
⑫　□×５＝15
⑬　２×□＝12
⑭　□×２＝　６
⑮　４×□＝36
⑯　６×□＝24
⑰　□×７＝49
⑱　３×□＝27
⑲　□×９＝36
⑳　10×□＝30

算数のセンスを磨《みが》くには，一瞬《いっしゅん》のうちに答えをだす訓練も必要です。上の問題を１分間でできるように挑戦《ちょうせん》してみましょう。

A ①7 ②6 ③9 ④5 ⑤6 ⑥6 ⑦6
⑧8 ⑨7 ⑩8 ⑪5 ⑫3 ⑬6 ⑭3
⑮9 ⑯4 ⑰7 ⑱9 ⑲4 ⑳3

わり算は，全部かけ算を利用して答えをだします。
よって，わり算独自の計算方法はありません。

```
        3   ……商をたてる
24 ) 8 6 9
     7 2    ……かける
     ─────
     1 4    ……ひく
        ↓
     3 6 ……商をたてる
24 ) 8 6 9
     7 2↓
     ─────
     1 4 9
     1 4 4……かける
     ─────
         5……ひく
       (あまり)
```

〈考え方の手順〉

① 86÷24
24×□＝86
いちばん近い□を探す
② 24×3＝72
③ 86－72＝14
④ 次のわり算
149÷24
⑤ 24×□＝149
いちばん近い□を探す
⑥ 24×6＝144
⑦ 149－144＝5

このように，わり算には，たし算，ひき算，かけ算の全部の種類の計算がでてくるので難しいのです。

覚えよう!

わり算はたし算，ひき算，かけ算の組み合わせである。

チャレンジ 問題★18

ワンセットにしてあまりは？

　クリスマスの電球が，赤，青，黄と3色あります。赤，青，黄…の順に並べていくと，49番目の電球は何色ですか。

4年生…応用

チャレンジ問題★18の答え

赤

●●●解説●●●

赤，青，黄の3つを1セットと考えます。

3でわったとき，ちょうどわりきれる場合は，黄色で終わっていることになります。

49÷3＝16あまり1

16セットできて，さらに1つあまりました。

つまり，17セット目の最初の色の赤が答えとなります。

チャレンジ 問題★19

どのように増えているかに注目

碁石《ごいし》の白と黒を次のように並べたとき，黒が57個になるのは，何番目ですか。

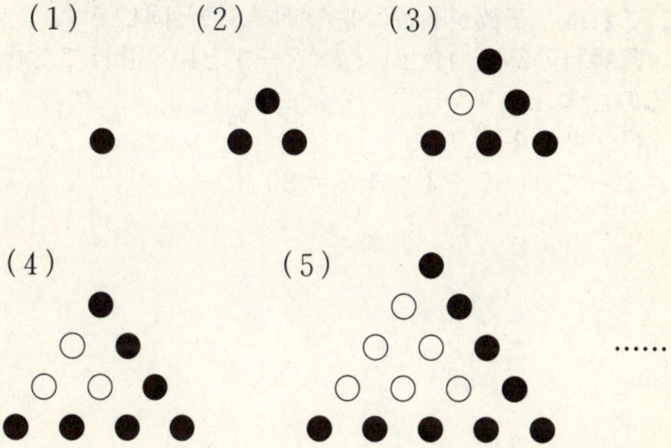

挑 戦

チャレンジ問題★19の答え

29番目

●●●解説●●●

黒の碁石の数を，はじめの5番目まで，記録してみましょう。

1，3，5，7，9…

これは，奇数が順番に並んでいるのと同じです。

○番目の碁石の数は，○×2－1という計算でだせるのです。

○×2－1＝57

よって，（57＋1）÷2＝29

算数 ものしりコラム

●ガウス(1777～1855年)の計算

「1＋2＋3＋4＋5＋…＋98＋99＋100はいくつでしょうか」

今から200年くらい昔，ドイツのある小学校で，このような問題がだされました。

悪戦《あくせん》苦闘《くとう》する生徒たちの中で，一人だけ，あっという間に計算を終わらせてしまった子どもがいます。不《ふ》審《しん》に思った先生が答えをきくと，その子の答えは正解でした。

「どうやって計算したんだい？」という先生の問いかけに，子どもは次のような説明をしました。

$$
\begin{array}{rrrrrrr}
 & 1 + & 2 + & 3 + \cdots\cdots + & 98 + & 99 + & 100 \\
+) & 100 + & 99 + & 98 + \cdots\cdots + & 3 + & 2 + & 1 \\
\hline
 & 101 + & 101 + & 101 + \cdots\cdots + & 101 + & 101 + & 101
\end{array}
$$

101が100個できるから

101×100＝10100

1から100までを2回たしていることになるので

10100÷2＝5050…答え

子どもの名前はガウスといい，のちに高名な数学者になりました。

●数を分解して計算する

ガウスがおこなった計算のように，一見ややこしそうな計算でも，数の組み合わせを考えて，工夫して計算すると簡単に答えをだせるものがあります。次にその例をあげます。

・9をかけるときは，10倍してもとの数をひく。

$25 \times 9 = 25 \times 10 - 25 = 250 - 25 = 225$

・11をかけるときは，10倍してもとの数をたす。

$25 \times 11 = 25 \times 10 + 25 = 250 + 25 = 275$

・5でわるときは，2倍して10でわる。

$35 \div 5 = 35 \times 2 \div 10 = 70 \div 10 = 7$

他にも，次のような例があります。

$27 \times 3 = 9 \times 3 \times 3 = 9 \times 9 = 81$

$25 \times 36 = 25 \times 4 \times 9 = 100 \times 9 = 900$

$99 + 99 = 100 + 100 - 2 = 198$

まだまだ，たくさんの計算方法があります。お父さん，お母さんも，お子さんと一緒《いっしょ》に探してみてはいかがでしょうか。

3時間目

文章題

つる，かめ，ねずみ，旅人もいる
——文章題ってオモシロイ！

「算術」といわれた時代から

◇　算数が算術といわれていた時代から，ユニークな名前がついていて，親しまれてきた問題がいくつかあります。

　それぞれに問題のパターンがあり，また，その問題に合わせて解き方がきまっています。

　その考え方を使うと，あまり苦労しないで解くことができるようになっています。

◇　私立中学の入試問題には，こういったものが多く取りあげられています。

　中には難問で，簡単には解けないものもあります。

　ここでは，ユニークな名前を覚えて，楽しみながら挑戦《ちょうせん》してください。

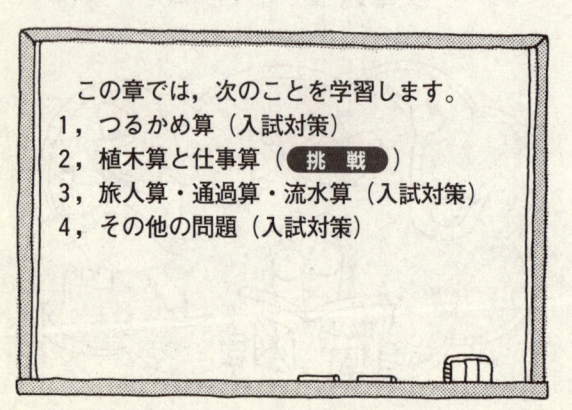

この章では，次のことを学習します。

1，つるかめ算（入試対策）
2，植木算と仕事算（挑戦）
3，旅人算・通過算・流水算（入試対策）
4，その他の問題（入試対策）

1，つるかめ算

入試対策

昔から算術では，文章題にそれぞれ名前がつけられ，解き方のパターンが示されていました。この「つるかめ算」はその代表的なものです。解き方のしくみを一回覚えると，いろいろな応用ができるようになります。

算数の基礎基本⑥　つるかめ算

Q　つるとかめはそれぞれ何匹いるでしょうか。

つるの足は2本，かめの足は4本です。両方合わせて，9匹いて，足の数は28本です。

つるとかめ，それぞれ何匹ずついるでしょうか。

A　つる　4匹
かめ　5匹

解き方は，まずどちらかが全部だったら……と想定して，合計との差が，もう1つの余分や不足分だと考えます。

今回は全部がつると考えます。

足の数は　2×9＝18（本）

実際は，28本足があります。でも18本と答えがでたので，そのちがいは

28－18＝10（本）

となります。この分は，つるではなくかめの足なのです。それも4本の足のうち2本分は，つるとして数えているので，かめを考えるときは，残りの2本分だけを考えればよいわけです。

そうすると　10÷2＝5

で5匹《ひき》がかめということになります。

つるの数は全体からかめの数をひけばでます。

9－5＝4（匹）

つるかめ算には，図を使って，簡単に解く方法もあります。

次のページから，その方法を2つご紹介《しょうかい》します。

解き方のコツ！

どちらかにきめて，計算する。

［別解１］

①　四角を９個かく

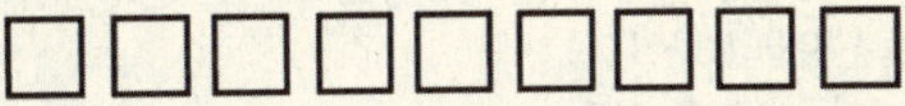

②　四角に足を２本ずつかく（つる）

③　足りない数だけ，さらに２本ずつ足をかく（かめ）

このようにすると，簡単に答えをだすことができます。

［別解２］

次のような図で，つるかめ算を解くこともできます。

縦の部分を，つるの足の２本とかめの足の４本にとり，横を９匹にとります。

■の部分を考えると

28－（2×9）＝10（本）

これを■の部分の高さでわると，かめの数がでます。

10÷（4－2）＝5（匹）

よって，つるの数は

9－5＝4（匹）

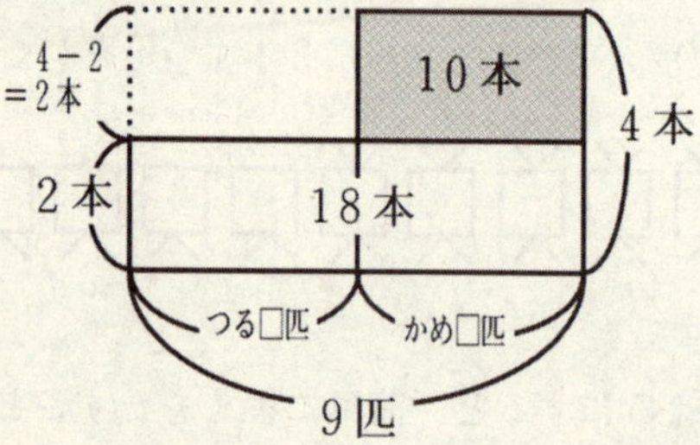

チャレンジ 問題★20

つるかめ算の考えで，解いてみよう

1冊150円と1冊100円のノートを合わせて12冊買って，1550円になりました。

それぞれ，何冊ずつ買いましたか。

入試対策…発展

チャレンジ問題★20の答え

150円が7冊
100円が5冊

●●●解説●●●

まず全部が100円のノートとして考えます。
そうすると
100×12＝1200で1200円になります。
本当は1550円なので，1200円との差をだします。
1550－1200＝350 (円)
これは150円のノートを100円で計算したために
150－100＝50
つまり，
50円×ノートの冊数分
がたりないわけです。
350÷50＝7　よって150円のノートが7冊
12－7＝5　　よって100円のノートが5冊

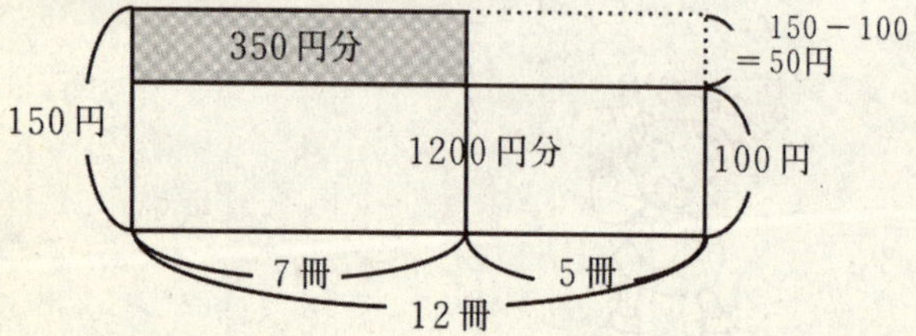

チャレンジ 問題★21

3種類あっても，つるかめ算

洋菓子《ようがし》の3個入り，5個入り，7個入りの箱を，全部合わせると24箱あります。お菓子は全部で112個入っていました。

すべての7個入りから2個ずつ取り出すと，ちょうど100個になりました。

洋菓子の箱は，それぞれ何個ありますか。

（東洋英和女学院中学部）

入試対策…難問

チャレンジ問題★21の答え

3個入り…10箱
5個入り… 8箱
7個入り… 6箱

●●●解説●●●

まず，すべての7個入りから2個ずつ取りだしたら100個になったので，112個との差，12個分が取りだした数となります。そこで12を2でわると7個入りの箱の数がわかります。

（112－100）÷2＝6（箱）

7個入りが6箱あることがわかったので，7個入りの箱に入ったお菓子は全部で42個ということがわかります。

112－42＝70（個）

これが，残っている3個入りと5個入りのお菓子の合計となります。

ここから「つるかめ算」の解き方が使えます。

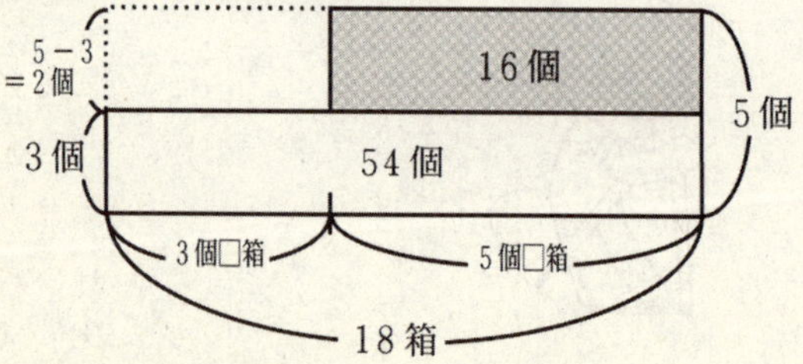

前ページの図を使って解いていきます。残りの個数は，24箱から7個入りの6箱をひいて

24－6＝18（箱）

ここで，まず全部を3個入りと考えます。

3×18＝54

すべてが3個入りだと，54個になるはずですが，

70－54＝16　16個だけ差がでます。

16個は，3個入りと5個入りの差ということなので

16÷(5－3)＝8　　よって，5個入りは8箱

24－6－8＝10　　よって，3個入りは10箱

算数　ものしりコラム

●かけ算九九の計算

「九九の表から，正方形をつくる９マスを適当に選び，その数をすべてたしなさい」

このような問題がだされたとき，どのように解いたらよいでしょうか。

答えは簡単です。正方形に囲んだ９マスの，まん中の数字は，９つの数字の平均になるのです。

ですから，まん中の数字を９倍すれば，９つの数字の合計になるのです（どこの場所でもそうなります）。

お子さんと一緒に，確かめてみてください。

〔九九の表〕

	1	2	3	4	5	6	7	8	9
1	1	2	3	4	5	6	7	8	9
2	2	4	6	8	10	12	14	16	18
3	3	6	9	12	15	18	21	24	27
4	4	8	12	16	20	24	28	32	36
5	5	10	15	20	25	30	35	40	45
6	6	12	18	24	30	36	42	48	54
7	7	14	21	28	35	42	49	56	63
8	8	16	24	32	40	48	56	64	72
9	9	18	27	36	45	54	63	72	81

2	3	4
4	6	8
6	9	12

$$2+3+4+4+6+8+6+9+12=54$$

$$6\times 9=54$$

2，植木算と仕事算

植木算　仕事算

日常の生活の中では，いろいろな計算方法が必要になってきます。「植木算」「仕事算」はその代表的なものとして使われています。

算数の基礎基本⑦　「のべ」の考え方を使って

仕事算

Q1　2人で塗り替えると，何時間かかるでしょうか。

家の塀を塗り替えるとき，Aの人は6時間かかり，Bの人は8時間かかるそうです。2人が一緒に仕事をはじめたら，何時間かかるでしょうか。

A 1　$3\frac{3}{7}$ 時間

仕事算というのは，一定の期間に仕事をする速さや，仕事の量について求める問題です。「のべ数」の考え方を使って解く問題です。

一緒《いっしょ》に仕事をするのだから，6＋8というように，たし算をしたくなります。ですが，2人で同時にするのですから，単純にたしても仕方ありません。

この場合は，2人が1時間にした仕事量（全体を1としたとき）をもとに考えていきます。

A：1時間分 $\frac{1}{6}$

B：1時間分 $\frac{1}{8}$

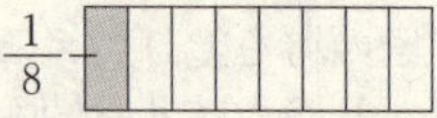

2人同時に1時間にする仕事量は，

$$\frac{1}{6}+\frac{1}{8}=\frac{4}{24}+\frac{3}{24}=\frac{7}{24}$$

1時間に全体の $\frac{7}{24}$ だけできることが，この計算でわかります。

次に，全体の仕事の量「1」を完成させるには，どれだけの時間がかかるかを計算します。

$$1\div\frac{7}{24}=\frac{24}{7}=3\frac{3}{7}$$

全体を完成させるためには，$3\frac{3}{7}$ 時間かかるということになります。

植木算

Q2 植木は何本植えられているでしょうか。

（1） 2 kmの道に，いちょうの並木が植えられています。

いちばん端から，2.5 m間隔で，もう一方の端まで植えてあります。いちょうは全部で何本でしょう。

（2） 周囲の長さが2 kmの丸い池の周りに，同じ2.5 m間隔で，木が植えられています。全部で何本になるでしょう。

A2　(1)　801本
(2)　800本

植木算というのは，道に木を植えたとき，端《はし》から端までの場合，間隔《かんかく》の数と，木の本数にズレがあるところからちょっとつまずきやすいものです。

(1)　道の長さは，2 kmあるので2000 mです。これを，2.5 mずつに分けます。

2000÷2.5＝800

このとき，ちょうど2000mのところにもう1本たっているので，答えは801本となります。

(2)　丸い池なので，2000 mのところの1本はたさなくてもよくなります。よって，全体を2.5でわった答えの800本でよいわけです。

覚えよう!

植木算……ぐるっと一周していたら同数，一直線なら1本木が多くなる。

仕事算……「のべ」にして考える。

チャレンジ 問題★22

丸ではなく，四角でも植木算

下の図のような花壇《かだん》の周りに，杭《くい》をうつことになりました。

杭は4つの角に1本ずつ，その間隔は30 cmずつにします。

全部で杭は何本用意したらよいですか。

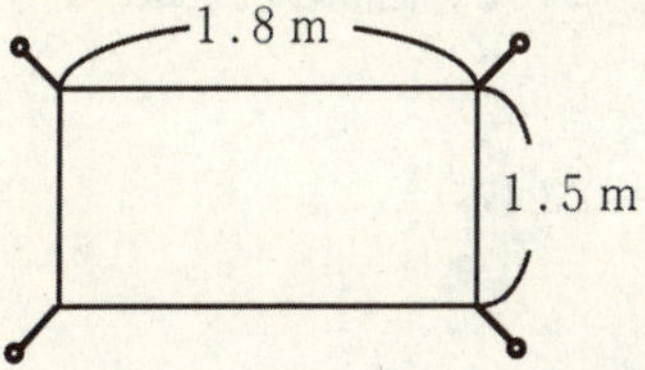

挑 戦

チャレンジ問題★22の答え

22本

●●●解説●●●

方法1

四隅《すみ》をぬいて考えます。

横　　180÷30＝6　ただし，四隅の杭をぬいて考えると，5本。

縦　　150÷30＝5　これも，四隅の杭をぬいて考えると，4本。

これに四隅の分をたして

（5＋4）×2＋4＝22（本）

方法2

四隅を含めて考えます。

（6＋5）×2＝22（本）

方法3

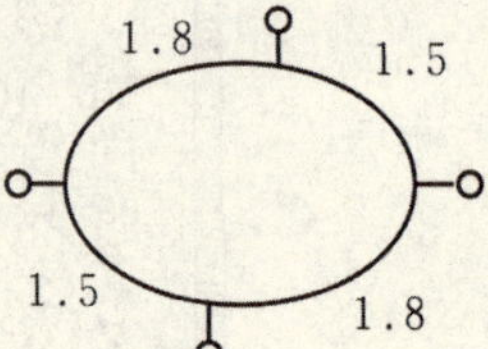

四角でも図のように丸い花壇として考えます。

花壇の周りの長さ

1.8×2＋1.5×2＝6.6(m)

間を30㎝ずつ分ける。

660÷30＝22（本）

チャレンジ 問題★23

ひもを使った植木算

4 mのひもを，25 cmずつはさみで切り落としました。

そのとき，4 mのひもを切ったのと同じ回数だけ，5 mのひもを均等に切りました。

1本何cmずつになり，最後は何cm残りますか。

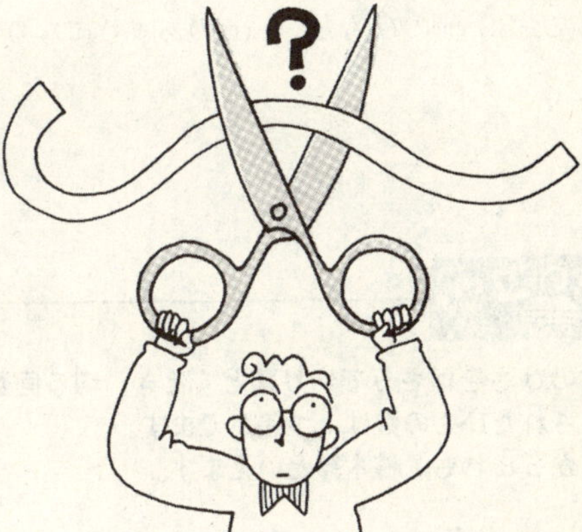

挑戦

チャレンジ問題★23の答え

1本33 cmで最後に5 cm残る。

●●●解説●●●

4 mのひもを，25 cmずつ切り落とすと

400÷25＝16 (本)

16本のひもになります。

注意するのは，本数は16本ですが，はさみで切った回数は，15回になるところです。

500 cm÷15＝33 あまり5

よって，33 cmのひもと，5 cmのあまりになります。

勉強のコツ!!

1本のひもをはさみで切り落とすとき，切る回数と切り落とされたひもの数は1つ差がでます。

ですからこれも，植木算といえます。

チャレンジ問題★24

仕事算の応用編，条件が3つのときの解き方

ある製品を20個つくるのに，10人で5分かかります。

（1） 1人が1分でする仕事の量を求めなさい。

（2） 500個を1時間以内でつくるには，何人以上必要ですか。

（青山学院中等部）

挑 戦

チャレンジ問題★24 の答え

(1)　0.4個（$\frac{2}{5}$ 個）
(2)　21人以上

●●●解説●●●

(1)　まず，10人が1分間でする仕事量をだします。20個を5分でやるのだから　20÷5＝4

10人が1分で4個つくることになります。

次に1人分をだすために，4個を人数分でわります。

よって，4÷10＝0.4（個）となります。

（$\frac{4}{10} = \frac{2}{5}$　よって $\frac{2}{5}$ 個）

```
            ─────20個─────
10人 ├──────────────────────┤ 5分間

10人 ├──┤    1分間
     4個

1人  ├┼┼┼┼┼┼┼┼┼┼┤  1分間
     0.4個
```

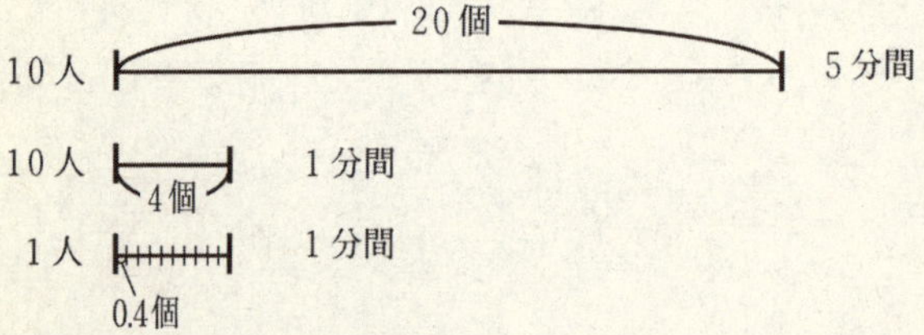

(2)　1人が1分間に0.4個つくることから，1時間でつくる量は　0.4×60＝24（個）

全部で500個つくるのですから24個でわれば人数がでます。

500÷24＝20あまり20　あまりの20個をつくるのに，もう1人以上必要。よって21人以上必要。

チャレンジ 問題★25

1人分はどれだけ働いているかに注目

18人が毎日8時間ずつ5日間働いて，$\frac{3}{20}$ だけ仕事が終わりました。

残りの仕事を毎日24人で10時間ずつ働いて仕上げるとしたら，完成するまでに，あと何日かかりますか。

（東洋英和女学院中学部参考）

挑 戦

チャレンジ 問題★25 の答え

17日間

●●●解説●●●

まず，1人が1時間にどれだけ仕事をするかを求めます。

のべ時間　$8 \times 5 = 40$（時間）
のべ人数　$18 \times 40 = 720$（人）
1人でやる1時間の仕事量は

$$\frac{3}{20} \div 720 = \frac{1}{4800} \quad \cdots ①$$

①に24人分と10時間分をかけると，$\frac{1}{20}$ となります。これが1日の仕事量です。残りの分，$\frac{17}{20}$ をこの仕事量でわると日数がでます。

$$\frac{17}{20} \div \frac{1}{20} = \frac{17}{20} \times 20 = 17 \text{（日間）}$$

全体（$\frac{20}{20}$）
残りの仕事量（$\frac{17}{20}$）
終わった仕事量（$\frac{3}{20}$）
1日の仕事量（$\frac{1}{20}$）

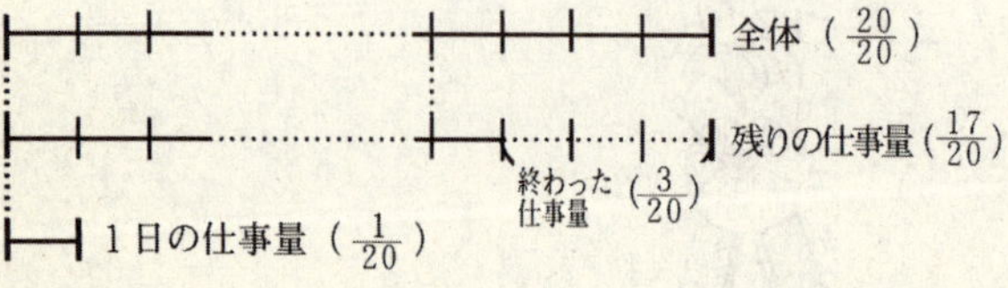

チャレンジ 問題★26

ニュートン算の練習問題

2つの同じ大きさの容器A，Bにそれぞれ15 ℓ，27 ℓの水が入っています。

図のように2またに分かれているホースで，Cから1分間に8 ℓ の水を入れます。水を入れはじめてから，12分後にA，Bの水の量が同じになりました。

Aに入る水の量は1分間に何 ℓ ですか。

(早稲田中学)

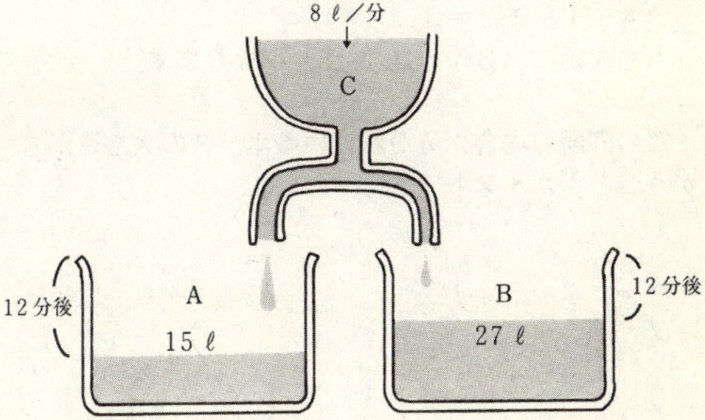

挑 戦

仕事算と同様に，一定の割合で増えたり減ったりする量に関する問題を「ニュートン算」といいます。

チャレンジ問題★26の答え

4.5 ℓ

●●●解説●●●

はじめのAとBの水の量の差は，
27－15＝12 （ℓ）
12分後に，12 ℓ の差がなくなるので，
12÷12＝1（ℓ）
1分間に1ℓ ずつ差が縮まります。
8 ℓ をAの方が1 ℓ 多くなるように分けます。
（8＋1） ÷2＝4.5（ℓ）
（ちなみに，Bの方は3.5 ℓ になります。）

この問題の場合，分かれているホースの大きさがちがうことがポイントです。

3,旅人算・通過算・流水算

入試対策

「旅人算・通過算・流水算」これらはどれも，速さをもとにした問題です。

それぞれの問題の場面や状況のちがいによって分類されていますが，根本的には同じです。

算数の基礎基本⑧ 速さの応用編

旅人算

Q 1 AとBは何分後に出会えるでしょうか。

4.25㎞の道のりで時速4㎞のAと時速4.5㎞のBが反対の場所から同時にスタートしました。AとBは何分後に出会うでしょうか。

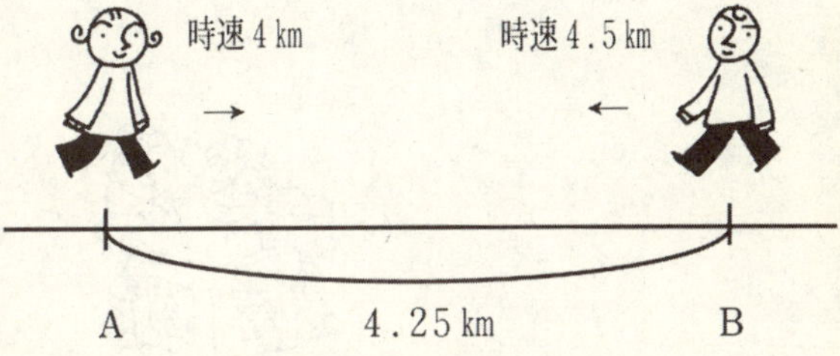

A1　30分後

進む速さのちがう２人が歩いて追い着いたり，出会ったり離《はな》れたりする場面の問題です。

まず２人が１時間に進む距離《きょり》をだします。そのため，両方の進む距離をたし算することになります。１時間で２人がその距離だけ進むわけですから，全体の距離を，進んだ距離でわれば，時間がでます。

４＋４.５＝８.５……１時間に進む距離
４.２５÷８.５＝０.５
０.５時間＝３０分

通過算

Q2　列車が鉄橋を渡り終わるまで何秒かかるでしょうか。

長さ140 mの列車が秒速20 mの速さで進んできて，長さ100 mの鉄橋を渡りはじめました。渡り終わるまでに，何秒かかるでしょうか。

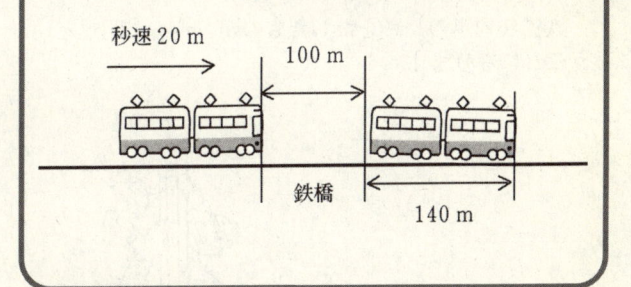

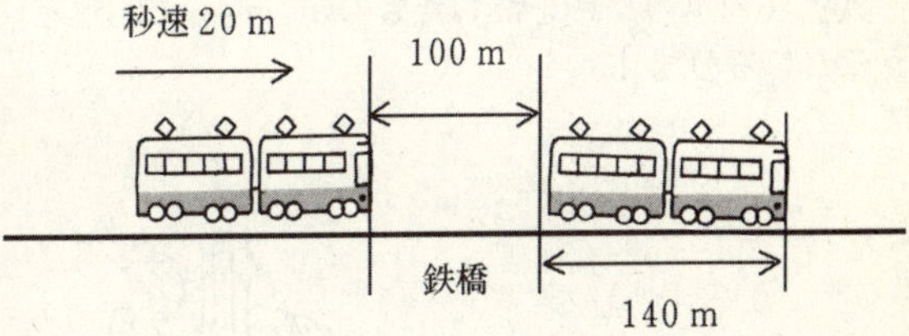

ここがポイント!

列車が鉄橋を通過するということは，実際に列車がどこからどこまで走ったか，ということが問題になります。図を見て，「距離」の範囲を考えてください。

A2　12秒

列車など，長さのあるものが通過する場面での問題です。

実際に列車が通過した距離を考えるときは，列車の先頭か，終わりを起点に考えます。鉄橋の長さと列車そのものの長さをたして秒速でわると，

（140＋100）÷20＝12（秒）

鉄橋と列車の長さをたしたものが，走った距離ということになります。

解き方のコツ！

鉄橋の長さと，列車の長さをたしたものが，全体の距離となる。

流水算

Q3 川の流れと船の速さはどのくらいでしょうか。

ある川を，船をこいで進んでいます。上流へ向かって30 km進むのに，5時間かかりました。同じ場所で，下るのには，3時間しかかかりません。

船をこぐ速さと，川の流れの速さを求めましょう。

A３　川の流れ…時速２km
船をこぐ速さ…時速８km

水の流れの速さを考える問題です。

上りのこぐ速さは，30 ㎞を５時間かかっているので

30÷5＝6（㎞／時）

下りのこぐ速さは，30 ㎞を３時間かかっているので

30÷3＝10（㎞／時）

流れの速さは，下りと上りの速さの差を求めて，半分にわればでてきます。（10－6）÷2＝2（㎞／時）

船をこぐ速さというのは，いいかえれば，静かな水のときの速さです。こぐ速さは流れの速さに上りの速さをたせばだすことができます。　2＋6＝8（㎞／時）

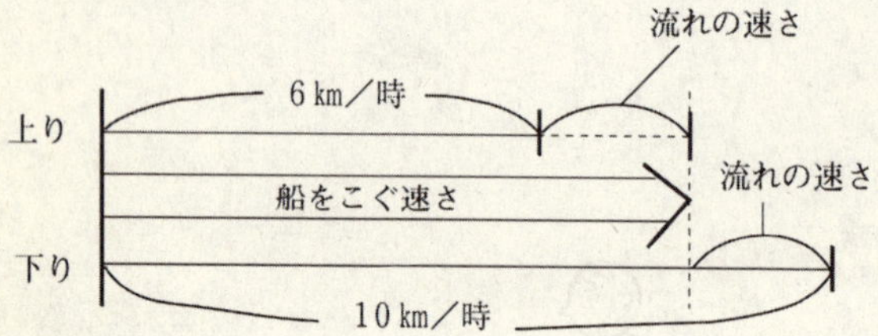

覚えよう!

旅人算……双方の進む距離を考えながら解く。
通過算……通過するもの自体の長さを考える。
流水算……流れの速さを考慮に入れておく。

チャレンジ　問題★27

同じ方向に速さのちがう２人が進む問題

よしお君と，けん君が100 m競走をしました。

よしお君は，100 mを18秒で走ります。

よしお君がゴールに着いたとき，けん君はまだ10 m手前にいました。けん君はこの割合で走ると，あと何秒でゴールに着きますか。

(東海中学)

入試対策…難問

チャレンジ問題★27の答え

2秒

●●●解説●●●

よしお君は，100 mを走り終わるのに18秒かかっています。

けん君はそのとき90 mのところにいるのですから，90 mを18秒で走っているわけです。

18÷90＝0.2 (秒)

けん君は，1 m走るのに，0.2秒かかるということがわかります。

あと，残り10 mを走るので

0.2×10＝2 (秒)

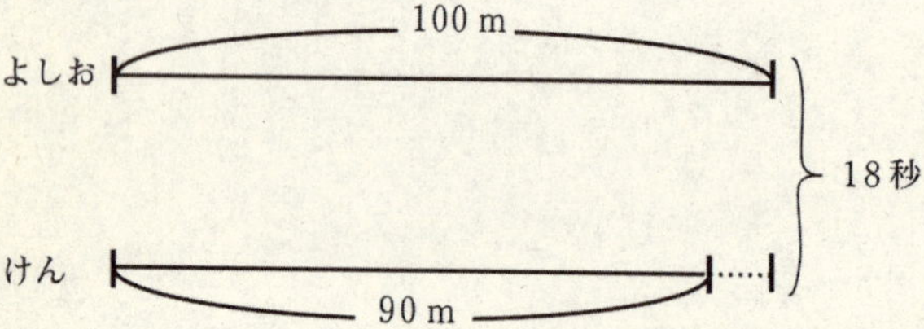

[別解]

けん君の走る速さは

90÷18＝5 (m／秒)

この速さで残り10 mを走らないといけないので

10÷5＝2 (秒)

チャレンジ　問題★28

ある一定の距離をもとに考えよう

ある駅のホームを，15両編成の急行電車は13秒で通過していき，また，駅のホームに立っている1人の人の前を6秒で通過していきました。

しばらくして，この急行電車は，同じ方向に行く，9両編成で毎時50.4㎞の普《ふ》通《つう》電車に追い着き，追い越していきました。電車の1両はいずれも8ｍとします。

（1）　急行電車が普通電車に追い着いてから追い越すまで，何秒かかりましたか。

（2）　ホームの長さを求めなさい。

（フェリス女学院中学参考）

入試対策…超難問

チャレンジ問題★28の答え

（1）　32秒
（2）　140ｍ

●●●解説●●●

（1）　まず両方の電車の長さと速度を求めましょう。
　急行電車は15両編成なので
　15×8＝120（m）　120÷6＝20（m／秒）
　よって，電車の長さは120m，速さは秒速20ｍになります。
　一方，普通電車は，時速50.4㎞の速度です。また，電車の長さは
　8×9＝72（m）
　よって，120＋72の距離を速度の差でわれば，追い着いてから追い越すまでの時間がわかります。
　普通電車の秒速は　50400÷3600＝14（m／秒）
　192÷（20－14）＝32（秒）

（2）　急行電車がホームを13秒で通過したので，急行電車が進んだ距離をだし，そこから電車自体の長さをひきます。
　20×13－120＝140（m）

チャレンジ 問題★29

動く歩道も，川と同じように考えたら流水算

長さ140 mの動く歩道があります。歩道は毎秒80 cmの速さでAからBへ動きます。

太郎は，この歩道のAからBへ向かって，一定の速さで歩きはじめ，これと同時に次郎がBから秒速2.3 mの速さで走りはじめたところ，Bから60 mの地点で2人は出会いました。

太郎の歩く速さは，秒速何mですか。

(甲陽学院中学)

チャレンジ 問題★29 の答え

1.2 m

●●● 解説 ●●●

まず，次郎がスタートしてからどれくらいの時間で2人が出会ったかを計算します。

次郎の進んだ距離を速さでわります。このとき，次郎は逆方向に進んでいるので，速さは，歩く速度から歩道の速度（0.8m／秒）をひいたものになります。

60÷（2.3－0.8）＝40（秒）　その間，太郎の移動した距離は　140－60＝80（m）なので，この距離を時間でわれば，太郎の速さがでます。

80÷40＝2（m／秒）　太郎は歩道の進む方向に進んでいるので，太郎本人の速さは，歩道の速さ分をひいたものになります。　2－0.8＝1.2（m／秒）

```
A                                    60 m         B
●―――――――――――――――――――――●―――――――――●
太郎 →0.8（m／秒）(＝80cm／秒)   ←2.3（m／秒）  次郎
```

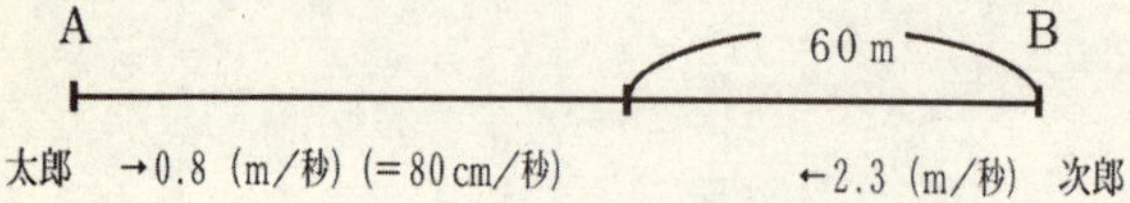

この問題に川はでてきませんが，人の動きと，動く歩道の速さが問題となり，結局，川と船の場合と同じように考えることができます。

最近では，川遊びはそうそうできませんので，現代版「流水算」と考えればよいでしょう。

4，その他の問題

入試対策

ここまで紹介したものの他にも，さまざまな計算方法があり，それぞれユニークな名前がついています。日常にも使えるものばかりなので，覚えておくと便利です。

算数の基礎基本⑨ 年齢算

Q 母親の年齢が子どもの年齢の4倍になったのはいつでしょうか。

母親は，今44歳です。子どもは，14歳です。何年前に，母親の年齢が子どもの年齢の4倍になっていたでしょうか。

A 4年前

年齢算《ねんれいざん》は，例えば親子が，「何年後（前）に子の○倍が親の年齢となるか」を調べる場合に使います。年齢が1つずつ増えていくので，差は変わらないところが，ミソです。

子どもと母親の年齢の差をまず求めます。

44－14＝30

年齢は，4倍ですが，その差だけを考えるとすると，4－1＝3となって3倍分と考えられます。年齢の差の30歳が，ちょうど3倍分となると　30÷3＝10

よって，子どもが10歳のとき母親は40歳。

4年前ということになります。

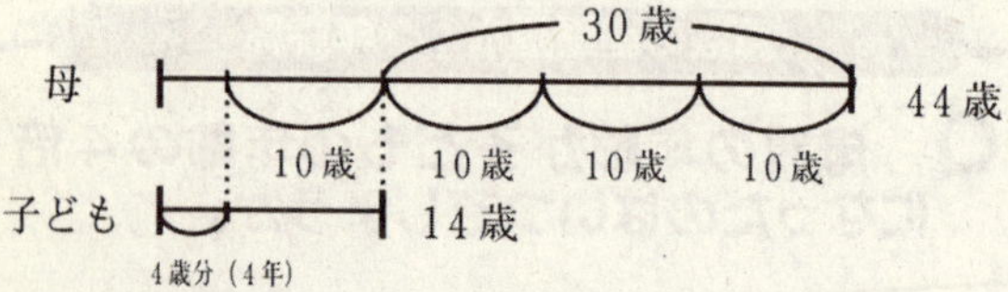

算数　ものしりコラム

●ねずみ算について

ねずみ算は，ねずみがたくさん子どもを生む動物であることから，考えだされた問題です。すでに，江戸時代の数学書「塵劫《じんごう》記《き》」に登場しています。

一対のねずみは，一度に4匹ずつ，1か月ごとに子どもを生み続けます。子どものねずみは，1か月たつと成長して，また，4匹ずつ子どもを生み続けます。生まれる子どもがオス，メス同数で，また1匹も死なないと仮定すると，Nか月後には2×3^nまで増えます。

このような考え方がねずみ算なのです。

チャレンジ 問題★30

年齢算を練習しよう

今年お母さんと子どもの年齢を合わせると42歳です。6年前にはお母さんの歳は子どもの歳の5倍でした。

今年のお母さんの歳はいくつですか。

（女子学院中学）

入試対策…発展

チャレンジ問題★30の答え

31歳

●●●解説●●●

まず，6年前の年齢の合計を求めます。

親子とも6年前なので，合計は12歳少ないと考えられます。

42－12＝30

このとき，母親は子どもの5倍の年齢です。

母親：子ども＝5：1

よって全体を6等分して，そのうち5つ分が母親ということになります。(下図参照)

30÷6×5＝25

母親は25歳，子どもは5歳となります。

これは6年前の歳です。今年は

25＋6＝31（歳）となります。

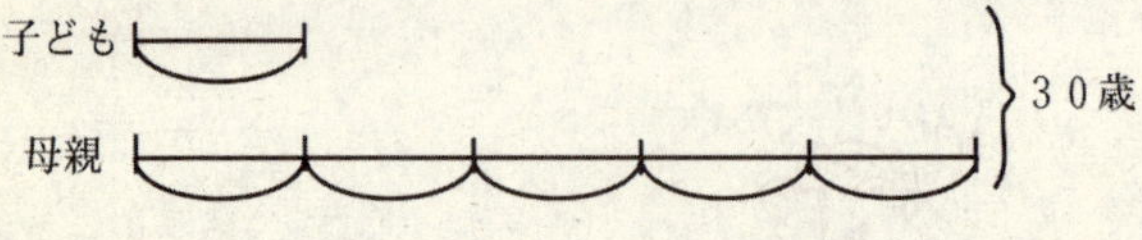

4時間目

量と測定

両腕をひろげたり，親指を出したり，
昔の人は大変だったネ！

単位ができたおかげで争いごとがなくなった!?

◇　昔，日本では，お百姓《ひゃくしょう》が年貢米《ねんぐまい》を納めていました。1俵《ぴょう》は，4斗《と》（1升《しょう》ますで40杯分）です。
年貢米を納めるとき，米の量を検査するのですが，お役人は少しでも多くの年貢米を取ろうとして，少し大きめの1升ますではかりました。当然お米は40杯にはたりないわけです。

お役人とお百姓の間では，ときとしてこのようなトラブルがあったそうです。

◇　米の量は1升ますを単位としてはかっていましたが，単位となるますの大きさが人によってちがうのでは不便です。

このようなことがないように現在では，世界共通の単位が用いられるようになってきました。

この章では，次のことを学習します。

1，単位のしくみ・単位の換算（6年）
2，面積の求め方（4年から）
3，体積と容積の求め方（6年）
4，角度のはかり方（4年から）
5，速さの求め方（6年）
6，割合の考え方（5年から）

1, 単位のしくみ・単位の換算

総合的な単位の換算

昔の人は，体の一部を使って長さをはかっていました。例えば，にぎりこぶしのいくつ分，というようにです。体の部分からできた単位をご紹介します。

算数　ものしりコラム

寸（すん）
親指の長さが「1すん」です。「1寸法師」の「すん」はこの長さです。

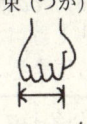

束（つか）

あた

尺（しゃく）
手くびからひじまでの長さが「1しゃく」です。30cmくらいです。

尋（ひろ）
両腕をのばしたときの右手の先から左手の先までの長さが「1ひろ」です。身長とだいたい同じです。

(外国で使われるフィートも，足の長さからつくられた単位です。)

18世紀の終わり頃，地球の子《し》午《ご》線《せん》の北極から赤道までの長さの1千万分の1の長さを1ｍときめました。科学が進むにつれ基準が変わり，現在では光が真空中を $\frac{1}{299792458}$ 秒間に進む距離を1ｍときめています。

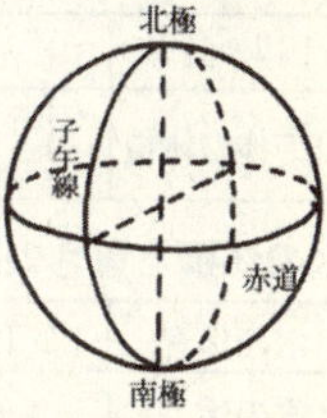

メートル法の単位のまとめ

	キロ *k*	ヘクト *h*	デカ *da*		デシ *d*	センチ *c*	ミリ *m*
	1000倍	100倍	10倍	1	$\frac{1}{10}$	$\frac{1}{100}$	$\frac{1}{1000}$
長さ	km			m		cm	mm
重さ	kg			g			mg
面積		*ha*《ヘクタール》		*a*《アール》			
体積	*kℓ*《キロリットル》			*ℓ*《リットル》	*dℓ*《デシリットル》		*mℓ*《ミリリットル》

k(キロ), *h*(ヘクト), *da*(デカ), *d*(デシ), *c*(センチ), *m*(ミリ)は，何倍かを表します。小学校では，このような覚え方をしている場合もあります。

> キロキロとヘクトデカけたメートルさんが，デシに追われてセンチミリミリ。

長さと面積の関係

1辺の長さ	1 km	100 m	10 m	1 m	1 cm
正方形の面積	1 km^2	1 *ha*	1 *a*	1 m^2	1 cm^2

長さと体積の関係

1辺の長さ	1 m	10 cm	1 cm
立方体の体積	1 m^3 1 *kℓ*	1000 cm^3 1 *ℓ*	1 cm^3 1 *mℓ*(cc)

水の体積と重さの関係

水の体積	1 *kℓ* (m^3)	1 *ℓ*	1 *dℓ*	1 *mℓ*(cm^3,cc)
水の重さ	1 *t*《トン》	1 kg	100 g	1 g

チャレンジ 問題★31

単位を変えて表すには

□に入る数を書きなさい。

（1）　$2\frac{5}{6}$直角＝□度

（2）　144度＝□直角

（3）　3996秒＝□時間

（4）　1.09日＝□分

（5）　秒速30 ㎝＝時速□㎞

（6）　6 ㎞/時＝□m/秒

6年生…応用

チャレンジ問題★31の答え

(1)	255	(4)	1569.6
(2)	$1\frac{3}{5}$	(5)	1.08
(3)	1.11	(6)	$1\frac{2}{3}$

●●●解説●●●

(1)　1直角＝90（度）　$2\frac{5}{6}$×90＝255（度）

(2)　144÷90＝$\frac{144}{90}$＝$1\frac{54}{90}$＝$1\frac{3}{5}$（直角）

(3)　3996÷60＝66.6（分）66.6÷60＝1.11（時間）

(4)　1.09×24（時間）×60（分）＝1569.6（分）

(5)　30（cm）×60（秒）×60（分）÷100（cm）÷1000（m）＝1.08（km）

(6)　6×1000（m）÷60（分）÷60（秒）＝$1\frac{2}{3}$（m／秒）

ここがポイント!

（2），（3）のように，小さな単位から大きな単位になおすときはわり算，（1），（4）のように大きな単位から小さな単位になおすときは，かけ算をすると求められます。速度の場合には，（5）を例にあげると

1秒	→	1分	→	1時間
↓	×60	↓	×60	↓
30 cm	→	1800 cm	→	108000 cm（＝1.08 km）

このように,きちんと図をかいて考えるとわかりやすいのです。

チャレンジ 問題★32

単位をそろえて計算しよう

□に入る数を書きなさい。

（1）　$\frac{4}{5}\,\mathrm{kg} = 25\,\mathrm{g} \times \square$　（戸板中学）

（2）　$4\,\mathrm{m}^2 - 3000\,\mathrm{cm}^2 + 0.5\,a + 0.003\,ha = \square\,\mathrm{m}^2$　（甲南女子中学）

（3）　$0.04k\ell + 20d\ell - \square\,\mathrm{cm}^3 = 6\,\ell$　（鎌倉女子大中学）

（4）　$360^\circ - 1\frac{1}{4}$直角$- 2.05$直角$= \square^\circ$

6年生…発展

チャレンジ問題★32の答え

(1)　32
(2)　83.7
(3)　36000
(4)　63

●●●解説●●●

(1)　$\square = \frac{4}{5}\,\mathrm{kg} \div 25\,\mathrm{g}$
$= 800\,\mathrm{g} \div 25\,\mathrm{g} = 32$

(2)　$4\,\mathrm{m}^2 - 3000\,\mathrm{cm}^2 + 0.5\,a + 0.003\,ha$
$= 4\,\mathrm{m}^2 - 0.3\,\mathrm{m}^2 + 50\,\mathrm{m}^2 + 30\,\mathrm{m}^2$
$= 83.7\,\mathrm{m}^2$

(3)　$\square\,\mathrm{cm}^3 = 0.04\,k\ell + 20\,d\ell - 6\,\ell$
$= 40\,\ell + 2\,\ell - 6\,\ell$
$= 36\,\ell = 36000\,\mathrm{cm}^3$

(4)　$360° - 1\frac{1}{4}$直角$- 2.05$直角
$= 360° - 112.5° - 184.5° = 63°$

ここがポイント!

単位の計算では，まず，単位を同じものにそろえることからはじめます。

基本的には，求める□の単位にそろえるのですが，場合によっては計算しやすい方の単位にそろえることもあります。

2, 面積の求め方

面積の単位　四角形の面積の求め方

小学校では，4年生で正方形と長方形の面積の求め方を学習します。この求め方を応用すれば，複雑な形の面積も求められるのですが，いったいどのようにして求めるのでしょうか。

算数の基礎基本⑩　面積の求め方

Q1　平行四辺形の面積を求めましょう。

次の図のような，平行四辺形の面積を求めましょう。（1マスの縦，横は1㎝）

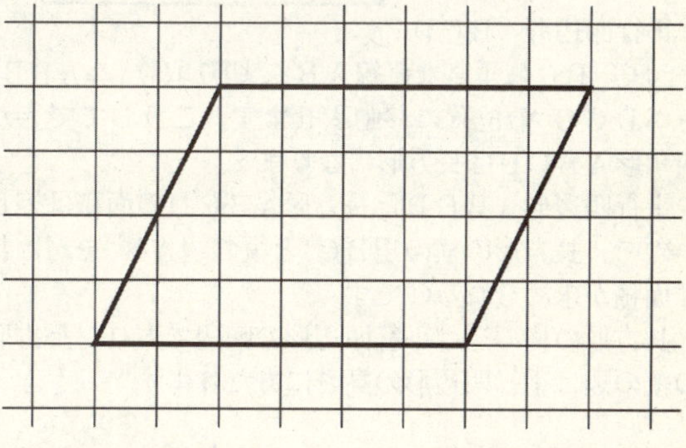

A 1　24 ㎠

面積は，もとになるタイル（1 ㎠，1 ㎡，1 *a*，1 *ha*，1 ㎢）のいくつ分かで表します。

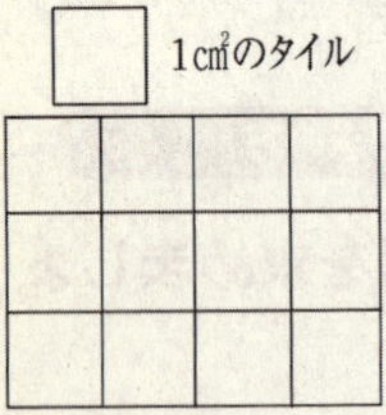

左の長方形には，1 ㎠のタイルが 3 × 4 で 12 個並ぶので，面積は 12 ㎠であるといいます。つまり，長方形の縦と横をかけると面積が求められるのです。

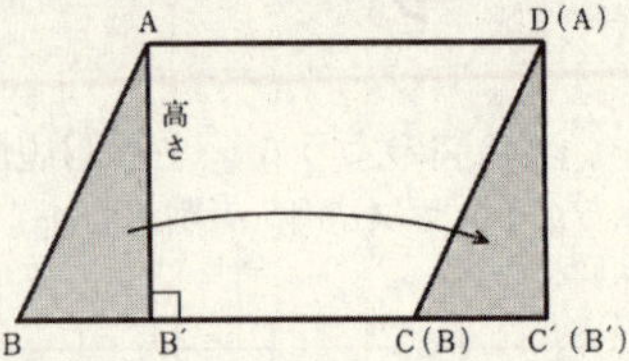

平行四辺形の面積は底辺×高さで求められます。

平行四辺形ＡＢＣＤを，底辺ＢＣに垂直な直線ＡＢ′で切り取り，△ＡＢＢ′を△ＤＣＣ′の位置に移動させます。こうしてできた四角形ＡＢ′Ｃ′Ｄは長方形になります。

平行四辺形ＡＢＣＤと長方形ＡＢ′Ｃ′Ｄの面積は等しいので，長方形の横の辺Ｂ′Ｃ′と縦の辺ＡＢ′をかければ面積が求められるのです。

長方形の横の辺は平行四辺形の底辺であり，長方形の縦の辺は平行四辺形の高さにあたります。

面積を変えずに形を変えることを等積変形《とうせきへんけい》といいます。

Q２　三角形の面積を求めましょう。

正方形，長方形，平行四辺形の面積の求め方を使って,三角形の面積を求める公式を導きましょう。

また，面積も求めなさい。

（１マスの縦，横は１㎝）

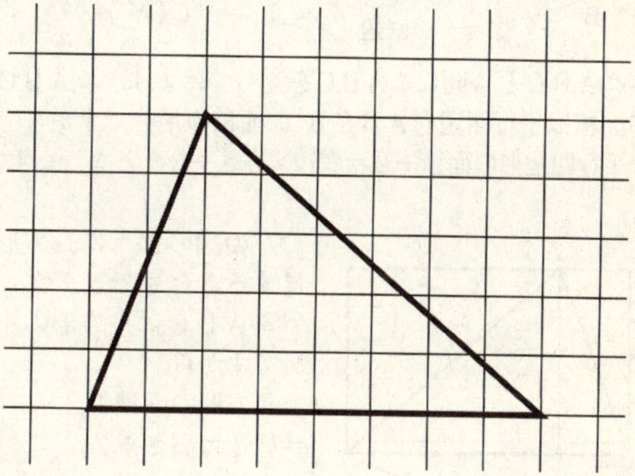

A 2　三角形の面積＝底辺×高さ÷2
20 cm^2

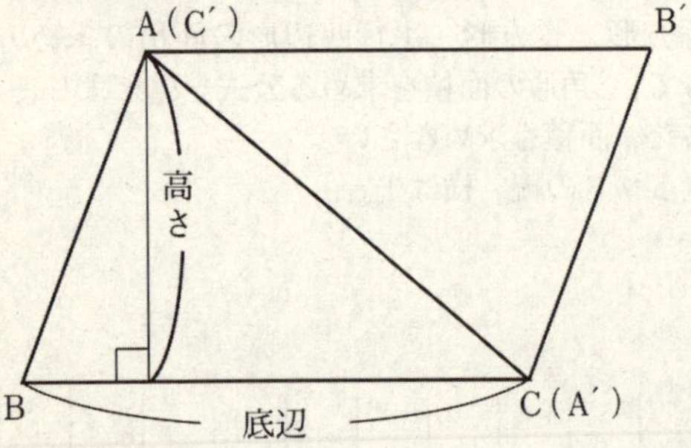

△ABCと合同な△A′B′C′をくっつけます。△ABCの面積は平行四辺形ABCB′の面積の半分ですから

平行四辺形の面積÷2＝底辺×高さ÷2　となります。

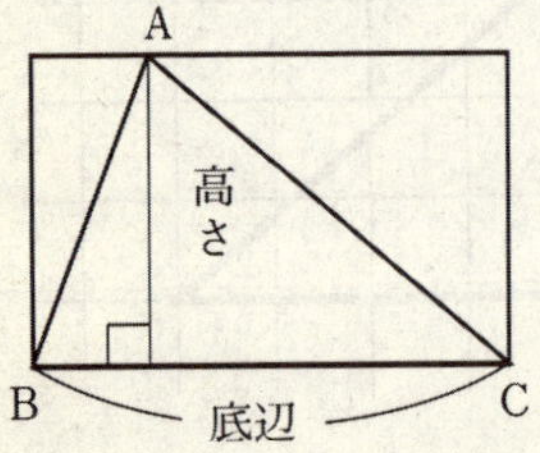

左の図のように長方形にすることもできます。

△ABCは長方形の半分ですから

長方形の面積÷2
＝底辺×高さ÷2
となります。

面積が2倍になるように形を変えることを倍積変形《ばいせきへんけい》といいます。

台形やひし形も等積変形か倍積変形で公式を導くことができます。

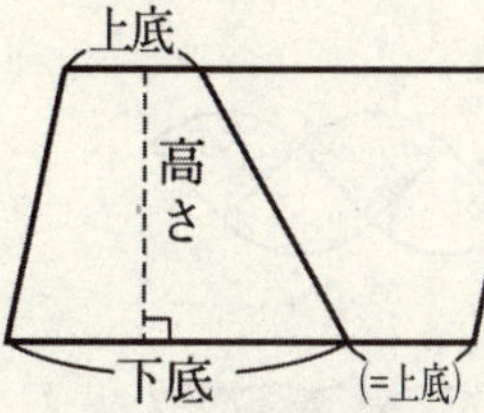

台形の面積
＝平行四辺形の面積÷2
＝（上底＋下底）×高さ÷2

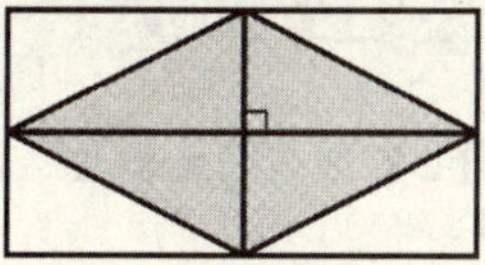

ひし形の面積
＝長方形の面積÷2
＝対角線×対角線÷2

Q3 円の面積の公式を導きましょう。

円も長方形に等積変形できる !?

円の面積＝半径×半径×3.14（円周率）で求められることを,円を等積変形する方法で導きましょう。

ここでは円周率＝3.14をきまったこととして考えます。なお、円周率については,**A3**の解説の後（P133，134）にコラムとして紹介しています。

A３

円を等分します。

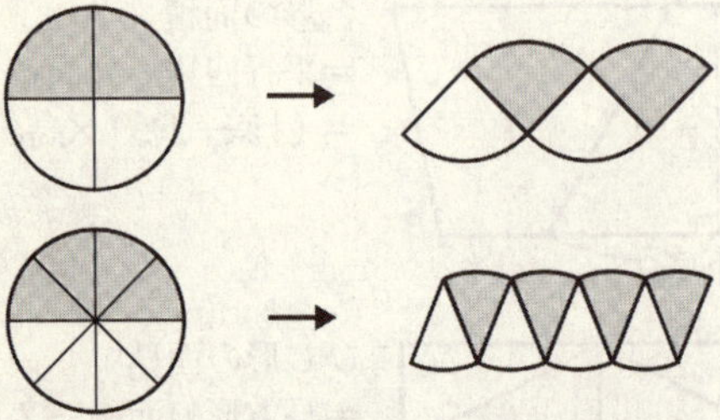

円をできるだけ細かく等分して並べ替《か》えると，しだいに長方形に近くなります。

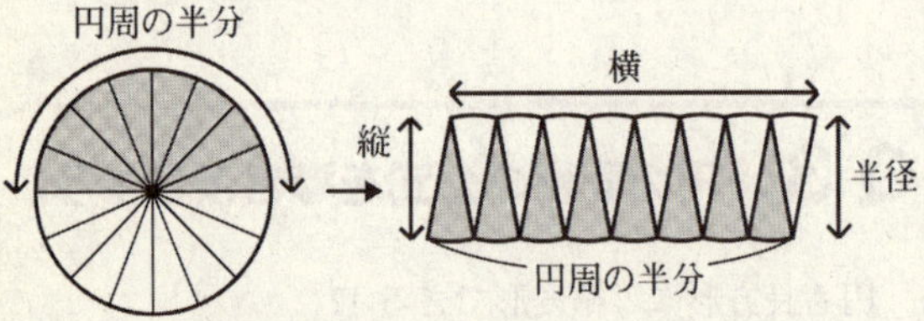

円の面積＝長方形の面積

＝縦×横

＝半径×円周の半分

＝半径×直径×3.14÷2

＝半径×半径×2×3.14÷2

＝半径×半径×3.14

算数　ものしりコラム

●円周率の話

円周率とは,「円の周囲が直径の何倍であるか」を示す割合です。ほぼ3.14になります。円周率を使えば

半径×半径×3.14 (=円の面積)

直径×3.14 (=円周)

などの計算ができます。

円周率を確かめるために,実際に円筒などを用意し,円周と直径をはかって,円周÷直径を計算してみても面白いでしょう。

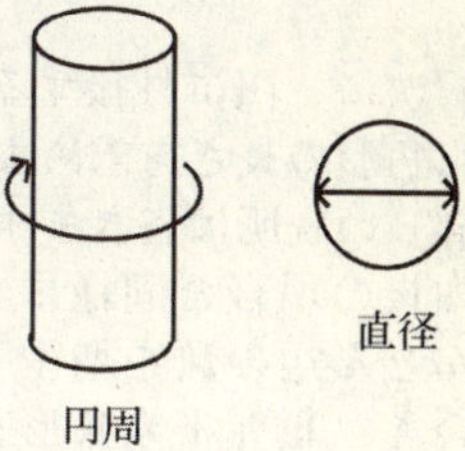

●円周率を計算で求めるには

実際にはかってみなくても,円周率を計算で求める方法があります。

古代ギリシアのアルキメデス(BC287～BC212年)は,次のような方法で円周率を計算しました。

まず,直径1の円を考え,それに内接する正六角形を考えます。すると,次ページの図のように,正六角形の一辺の長さは0.5となり　0.5×6=3　となります。

つまり,周囲の長さは3になりますから,円周率は3より大きいことがわかります。

アルキメデスは，辺の数をどんどん増やしていき，正十二角形，正二十四角形……と考え，正九十六角形の周囲の長さまで求めました。（ $\frac{223}{71}$ ）

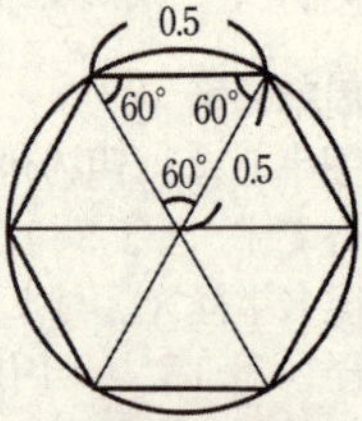

内接する正六角形

次に，円に外接する正六角形の長さを求めます。詳しい説明は省きますが，内接の場合と同様に，どんどん辺の数を増やしていき，正九十六角形まで求めます。（ $\frac{22}{7}$ ）

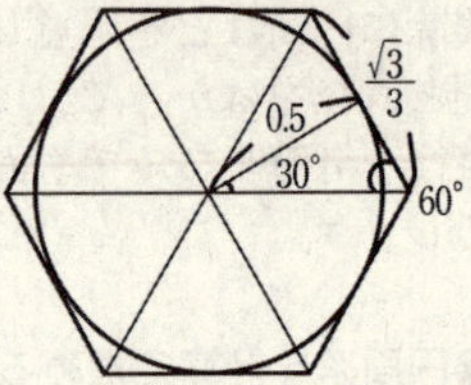

外接する正六角形

こうして，円周率は $\frac{223}{71}$ より大きく， $\frac{22}{7}$ より小さい数であると計算したのです。

チャレンジ 問題★33

位置をずらして考えよう

図のような花壇《かだん》があります。▇▇部分の面積を求めましょう。ただし，道の両端《りょうたん》はまっすぐで平行です。

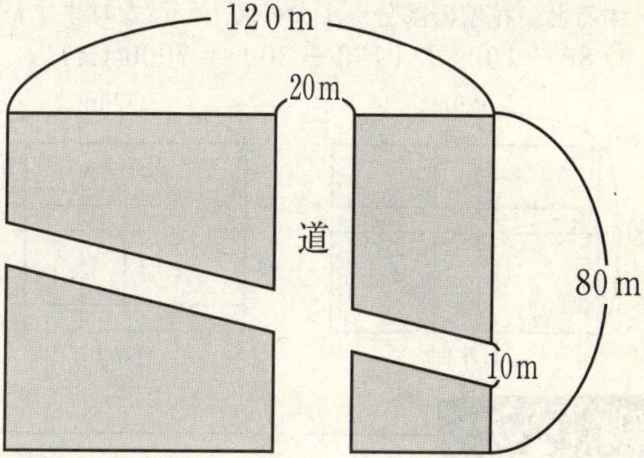

5年生…難問

チャレンジ問題★33の答え

7000 ㎡

●●●解説●●●

まず，斜めの道を縦の道に垂直に直します。（図１）
・この道は平行四辺形なので，長方形に等積変形したことになります。

次に，道の部分を花壇の端に寄せます。（図２）

すると，花壇の部分が１つの長方形になりますね。

（80－10）×（120－20）＝7000（㎡）

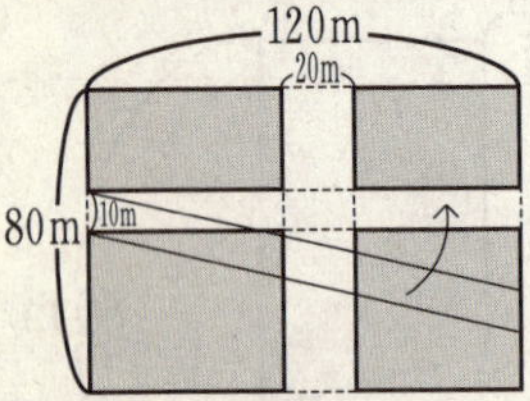

（図１）

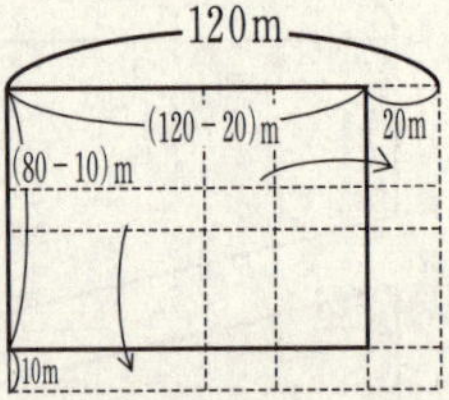

（図２）

解き方のコツ！

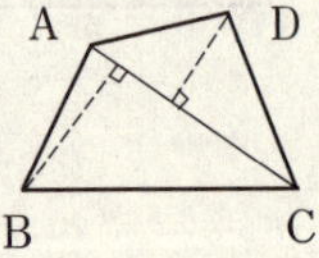

複雑な形は三角形に分けて考える。

求める四角形ＡＢＣＤが，平行四辺形でも台形でもない四角形の場合，このままでは面積の求めようがありません。そこで対角線で三角形に分け，底辺，高さをだす方法を考えます。

チャレンジ 問題★34

どの牛が得か⁉

牧場で3頭の牛を飼っています。
それぞれ，3m，4m，5mの綱でつながれているので，動き回れる範囲はきまっています。
それぞれの牛が動き回れる面積を求めなさい。
（長方形の柵の内側には入れないものとします。）

牛A 3m
30m
20m
牛C 5m
2m 4m 3m
牛B

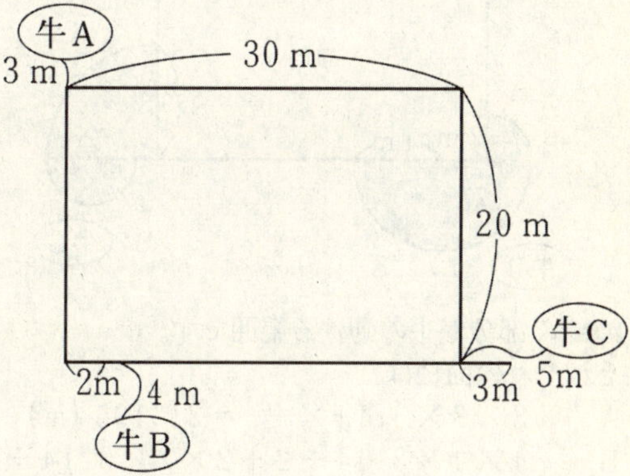

5年生…難問

チャレンジ問題★34の答え

A… $21.195\ \mathrm{m}^2$
B… $28.26\ \mathrm{m}^2$
C… $25.905\ \mathrm{m}^2$

●●●解説●●●

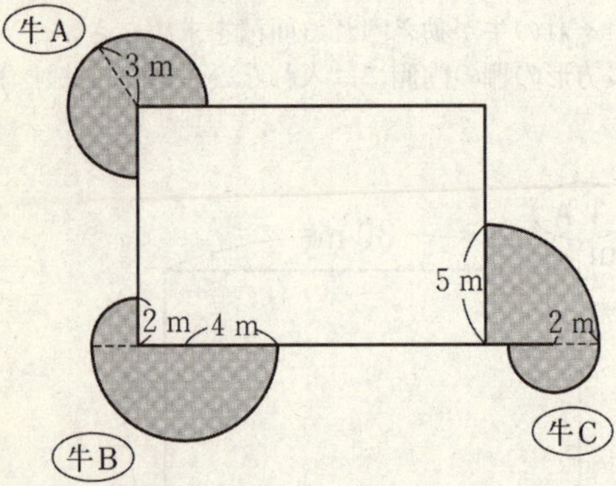

■の部分が牛の動ける範囲です。
それぞれの面積は

A　$3 \times 3 \times 3.14 \times \frac{3}{4} = 21.195\ (\mathrm{m}^2)$

B　$4 \times 4 \times 3.14 \div 2 + 2 \times 2 \times 3.14 \div 4$
$= 25.12 + 3.14 = 28.26\ (\mathrm{m}^2)$

C　$5 \times 5 \times 3.14 \div 4 + 2 \times 2 \times 3.14 \div 2$
$= 19.625 + 6.28 = 25.905\ (\mathrm{m}^2)$ となります。

チャレンジ 問題★35

補助線をどこにひく？

■部分の面積を求めなさい。

（日本大第二中学）
（愛知教育大附属名古屋中学）

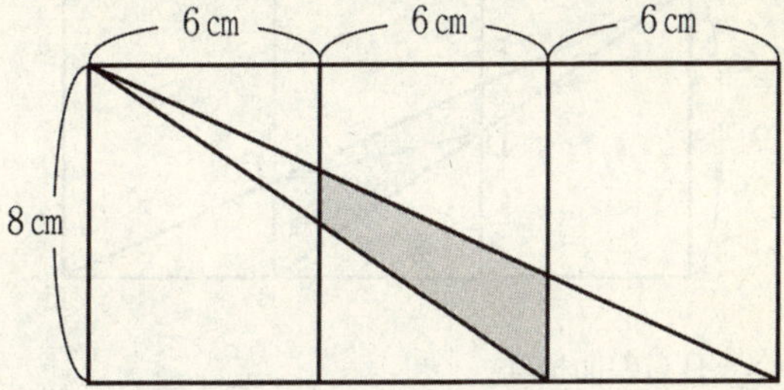

5年生…発展

チャレンジ問題★35の答え

12 cm^2

解説

図のように補助線をひき，記号をつけます。

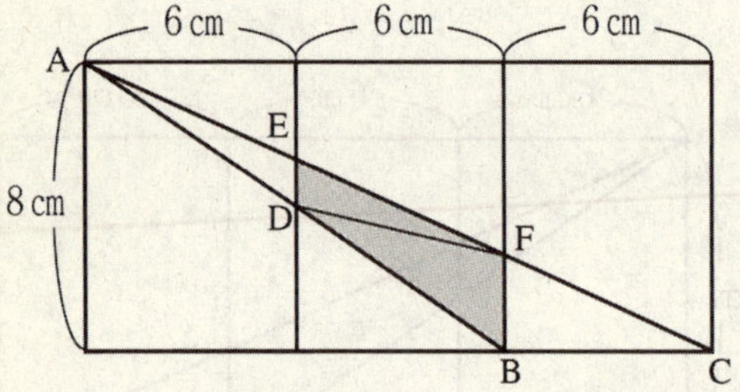

△ABCの面積は，
6×8÷2＝24（㎠）
EDは共通で，高さは同じ6㎝なので
△ADE＝△FED，
同様に　△DBF＝△CFBだから，■部分の面積は，△ABCの半分であることがわかります。
したがって
24÷2＝12（㎠）

3, 体積と容積の求め方

体積・容積の基本　角すい・円すいの体積

物のかさを体積といい，入れ物いっぱいに入るかさを容積といいます。面積はタイルいくつ分かで求めましたが，体積・容積は，もとになる積み木（1 cm^3・1 m^3・1 ℓなど）のいくつ分かで表します。

算数の基礎基本⑪　体積の求め方

Q　びんの中の空気はどのように調べればよいでしょうか。

びんに入った液体の薬があります。びんにはめもりがついています。ところで，びんに入っている空気の体積は，どのようにしたら調べることができるでしょうか。

A　ビンを逆さにする。

●体積を求める公式

柱体の体積＝底面積×高さ

すい体の体積＝底面積×高さ×$\frac{1}{3}$

体積は１㎤の積み木のいくつ分かで表されます。

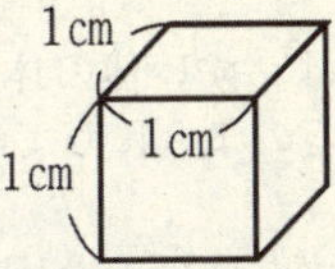

例えば，縦，横，高さがそれぞれ３㎝，３㎝，４㎝の四角柱では，１㎤の積み木が，１段目には

３個×３個＝９個並び，それが４段分だから，

９個×４段＝36個で，体積は36㎤ということになります。１つの式にまとめると，

３×３×４＝36　であり，３×３の部分はちょうど底面積を求める式と同じであることがわかります。

それで柱体の体積は，底面積×高さで求められるというわけです。

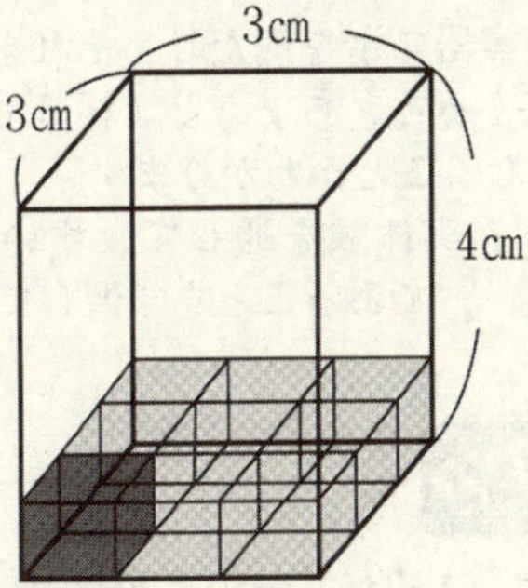

では，すい体の体積が柱体の体積の $\frac{1}{3}$ であることはどのようにして調べるのでしょうか。

まず，底面が合同で高さの等しい柱体とすい体の容器を用意します。

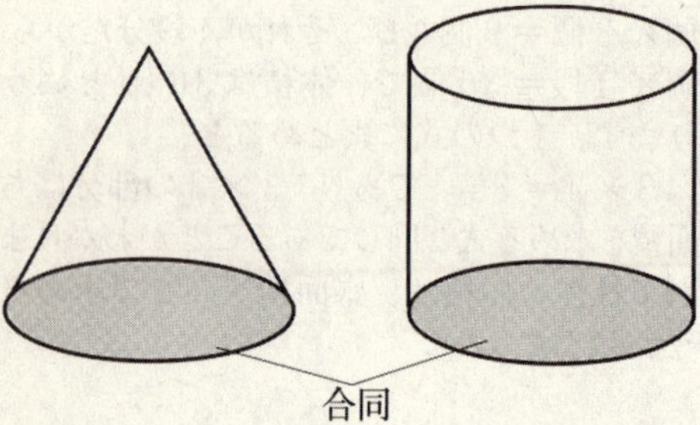

すい体の容器に水を満たし，それを柱体の容器に移します。すると，ちょうど3杯分で柱体の容器がいっぱいになることがわかります。

このような実体験を通して，すい体の体積は柱体の体積の $\frac{1}{3}$ であることを学習していきます。

勉強のコツ!!

小学校では，1辺が1cmの立方体の積み木を体積の基本の単位として教えます。

チャレンジ 問題★36

体積も倍積変形できる

図のように，円柱を斜《なな》めに切った形の体積を求めなさい。

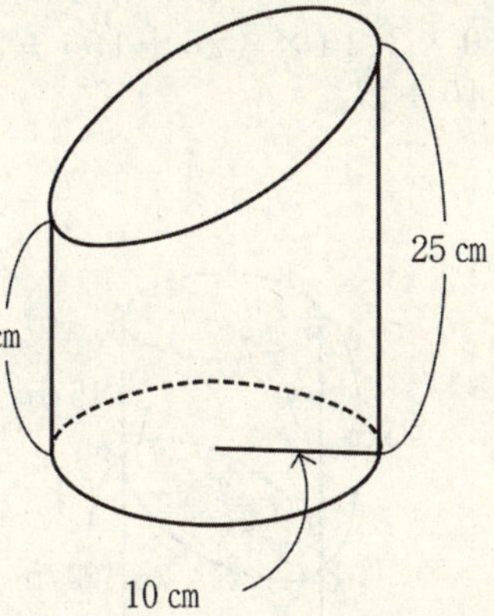

挑　戦

チャレンジ問題★36の答え

6280 cm^3

●●●解説●●●

求める体積は，高さ25＋15 cmの円柱の半分の大きさと考えることができます。

10×10×3.14×（25＋15）÷2
＝314×40÷2
＝6280

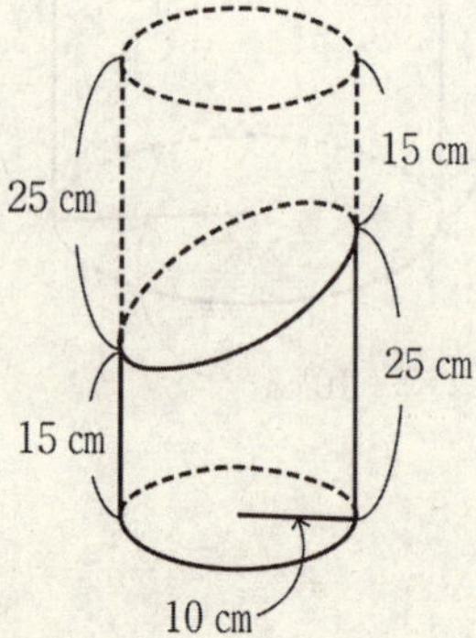

チャレンジ　問題★37

水の入る部分はどこかな

厚さ1㎝の板で，直方体のますをつくりました。
このますの容積は何ℓですか。

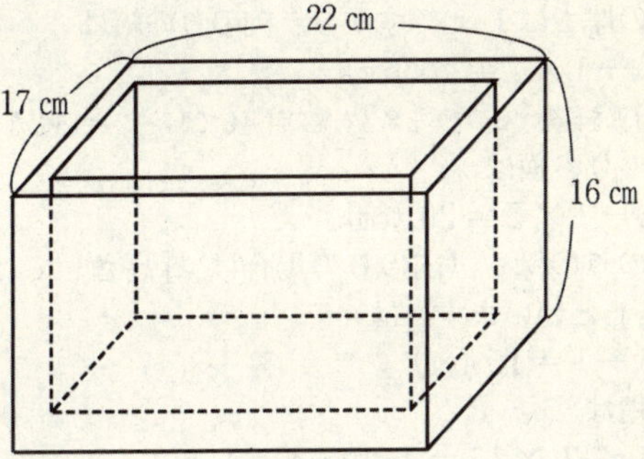

6年生…応用

チャレンジ問題★37の答え

4.5 ℓ

●●●解説●●●

まず，入れ物の内側の長さを調べます。

入れ物の内側の長さを**内のり**といいます。

板の厚さは1㎝ですから，内のりの縦は

17－1×2＝15（㎝）

（かけ算を優先するので，1×2を先に計算して17－2＝15となります）

内のりの横は

22－1×2＝20（㎝）

内のりの深さ（内のりの場合は，「高さ」ではなく「深さ」といいます）は

16－1＝15（㎝）

容積は

15×20×15＝4500 ㎤ ＝4.5 ℓ

問題文に，「容積は何 ℓですか。」とありますから，答えの単位も ℓ になおさなければなりません。

（P 122参照）

4，角度のはかり方

角度のはかり方　三角形・四角形の内角の和

2本の直線が交わったときにできる交差の開きを角といいます。平行線や三角形などの問題には不可欠なものなので，基本から説明していきます。

算数の基礎基本⑫　角度の求め方

Q 1　等しい角すべてに印をつけましょう。

（あ）の角と大きさの等しい角すべてに印をつけましょう。

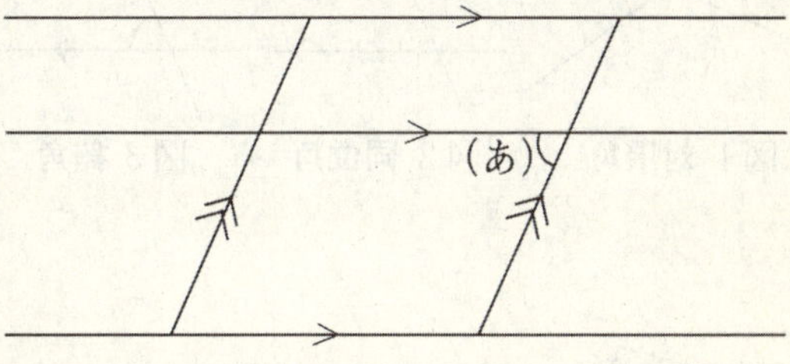

（注）1つ見つけて喜んでいてはダメ！

A 1

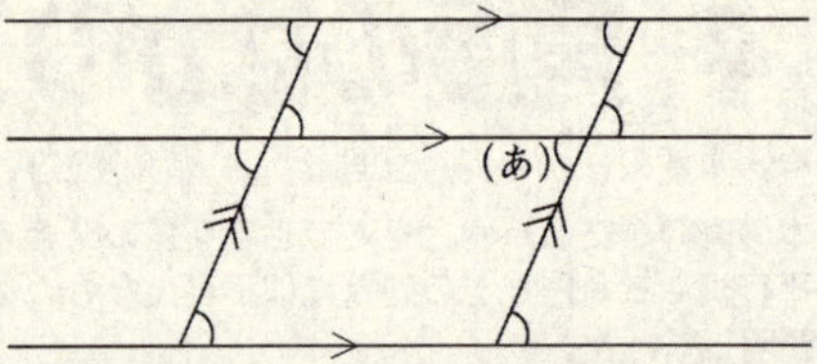

(あ)と大きさの等しい角は，印のついている角です。全部で7つあります。

図1，2，3のような位置関係にある角を，それぞれ，**対頂角**《たいちょうかく》，**同位角**《どういかく》，**錯角**《さっかく》といいます。

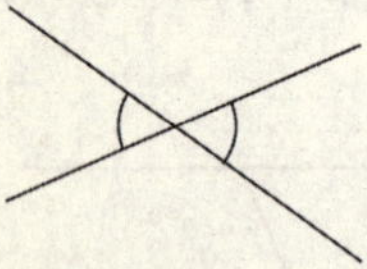

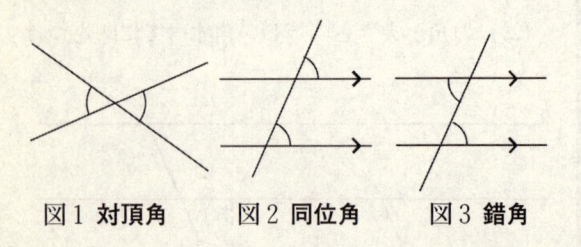

図1 **対頂角**

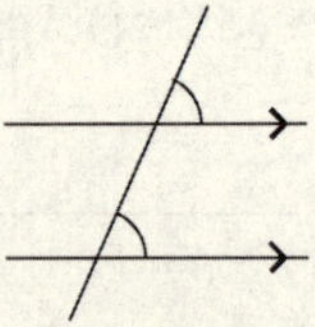

図2 **同位角**

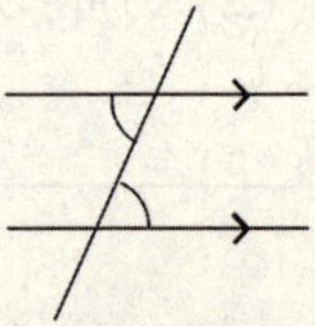

図3 **錯角**

覚えよう!

対頂角，平行の同位角，平行の錯角は等しい。

Q2 三角形の角を求めましょう。

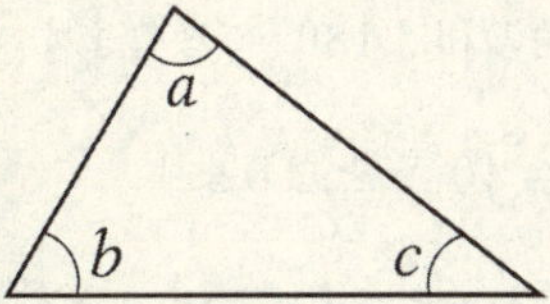

三角形の3つの角（内角）の和は180°です。

角a＋角b＋角c＝180°

このことをもとにして次のxの角度を求めましょう。

（1）

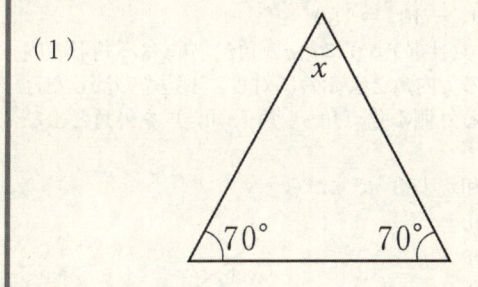

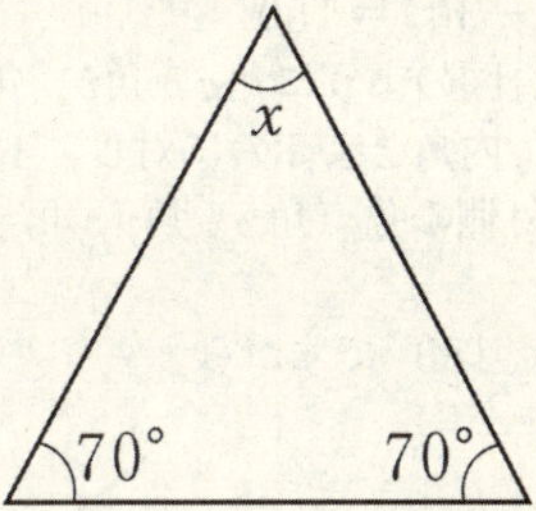

（2）

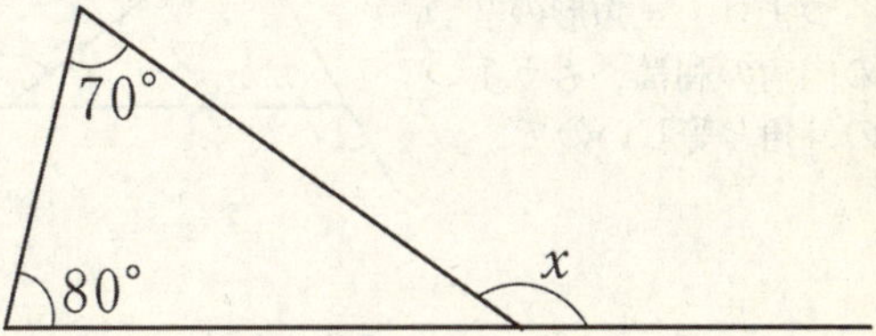

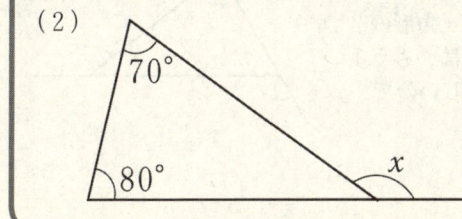

A2 （1）40°
（2）150°

（1）　三角形の3つの内角の和は180°になります。ですから

180°－（70°＋70°）＝40°　となります。

（2）　まず，残りの内角の大きさを求めます。

180°－（70°＋80°）＝30°

x＝180°－30°＝150°

ところで，図のように角a，角b，角cは三角形の内側にあるので**内角**《ないかく》とよぶのに対し，1辺をのばしたときにできる外側の角（角x，角y，角z）を**外角**《がいかく》とよびます。

内角の和が180°ですから

$x=a+b$

$y=b+c$

$z=c+a$

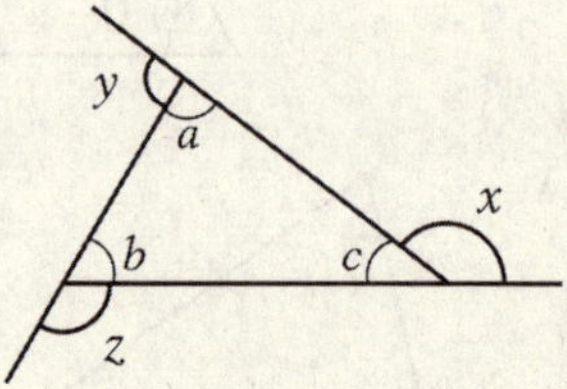

つまり，三角形の2つの内角の和は，もう1つの外角と等しいのです。

チャレンジ 問題★38

大きさの等しい角を探して考える

長方形の紙を折り重ねました。xは何度ですか。

（三重大付属中学）

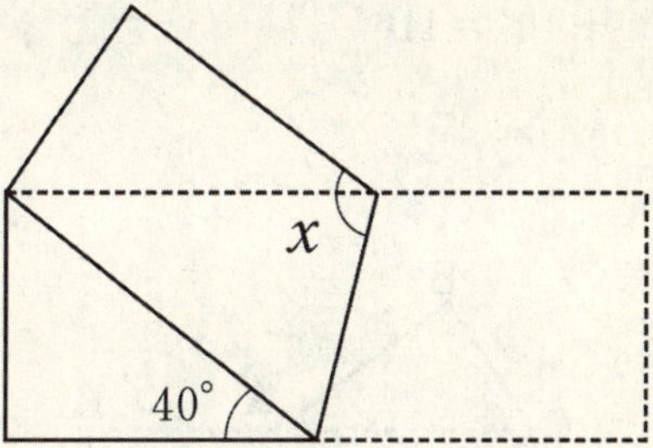

5年生…発展

チャレンジ問題★38の答え

110°

解説

四角形ＡＢＣＤと四角形ＡＢ′Ｃ′Ｄは同じものです。

$a=(180^\circ-40^\circ)\div 2=70^\circ$

角xは角bと等しく，角bの錯角は　角$a+40^\circ$

$x=70^\circ+40^\circ=110^\circ$

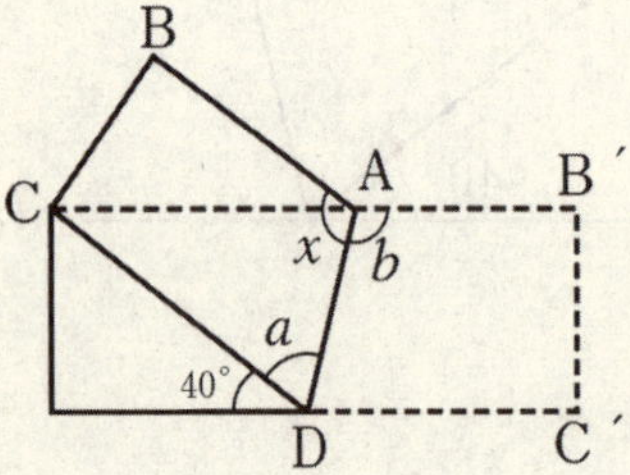

チャレンジ 問題★39

弦《げん》のつくる角の大きさ

半円の円周を５等分し，記号をつけました。Oは円の中心です。

角ＤＯＥは何度ですか。

（筑波大付属中学参考）

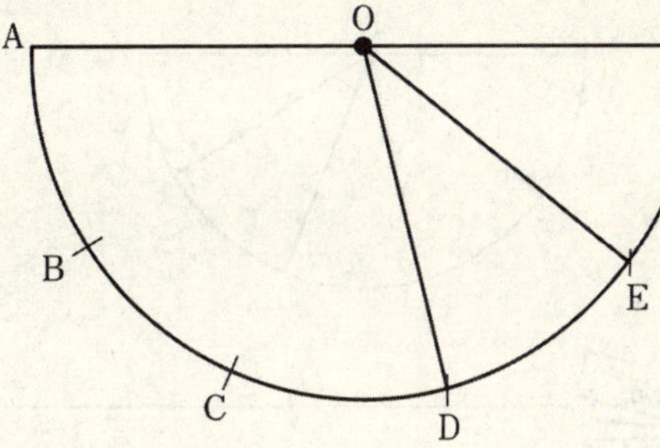

挑　戦

チャレンジ問題★39の答え

36°

●●●解説●●●

ＯＢ，ＯＣをつなぎます。

角ＡＯＢ，角ＢＯＣ，角ＣＯＤ，角ＤＯＥ，角ＥＯＦは等しくなりますから

角ＤＯＥ＝180°÷５＝36°であることがわかります。

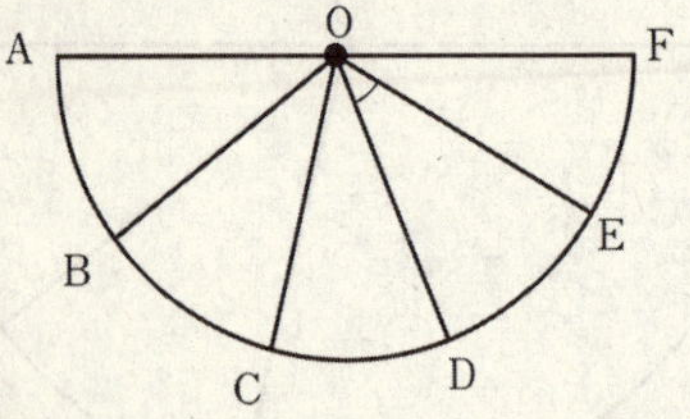

覚えよう!

図のように２つの半径の間にできる角を中心角という。

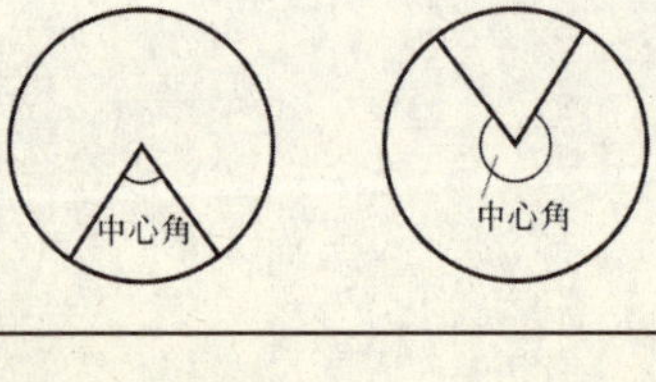

チャレンジ　問題★40

星形の角の不思議

図のような星形の，a ～ e の５つの角の合計は何度になりますか。

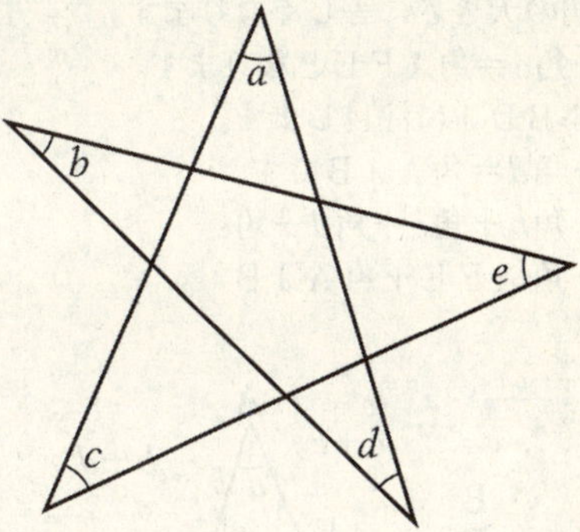

５年生…超難問

チャレンジ問題★40の答え

180°

解説

図のように記号をつけて考えます。

△ＣＥＦに注目してみましょう。

三角形では，２つの内角を合わせると，もう１つの角の外角の大きさに等しくなります。

角c＋角e＝角ＡＦＥとなります。

次に△ＢＤＪに注目します。

角b＋角d＝角ＡＪＢです。

角a＋角b＋角c＋角d＋角e

＝角a＋角ＡＦＥ＋角ＡＪＢ

＝180°

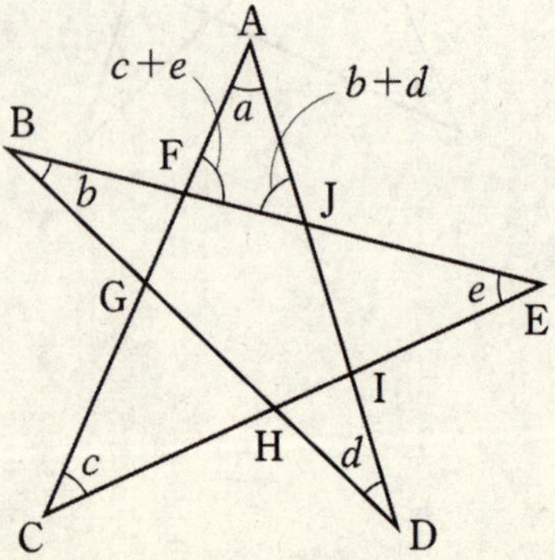

5, 速さの求め方

速さの基本

「一定の時間にどのくらいの道のりを進めるか」を速さといいます。単位をなおすときに注意さえすれば，簡単な計算で解くことができます。

算数の基礎基本⑬　速さの考え方

Q　やっぱりうさぎはかめに勝つ？

うさぎとかめが，かけ比べをしました。朝8時にスタートして，かめは分速5m，うさぎは秒速1mで走ります。

（1）　かめは，10時間かかってゴールに着きました。スタートからゴールまでの道のりを求めましょう。

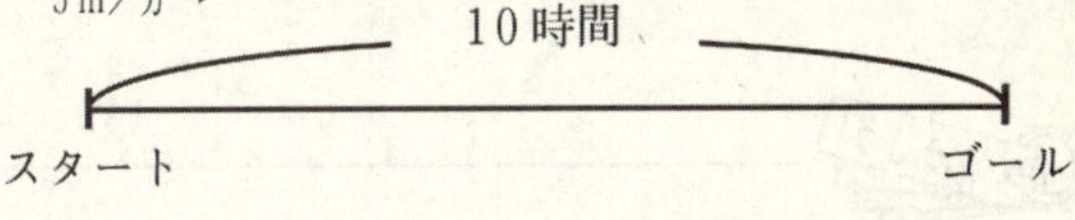

（2）　うさぎはスタートから何分後にゴールに着くでしょうか。

A　**（1）　3 ㎞**
（2）　50分後

（1）　道のりは速度と時間をかけてだします。
スタートからゴールまでの道のりは
5（m）×60（分）×10（時間）＝3000 m＝3 ㎞

（2）　時間は，道のりを速さでわればだすことができます。
3000（m）÷1（m/秒）＝3000秒＝50分
これでは，うさぎが9時間昼《ひる》寝《ね》をしたとしても，かめには負けることはありません。

速度と時間と道のりの関係は，下のような公式で表すことができます。

覚えよう!

速度＝道のり÷時間
時間＝道のり÷速度
道のり＝速度×時間

チャレンジ　問題★41

往復は片道の2倍

地球から月までの距離を光が往復するのに，2.56秒かかります。光の速さを秒速30万kmとすると，地球から月までの距離は何kmですか。

（高知学芸中学）

5年生…応用

チャレンジ問題★41の答え

384000 km

●●●解説●●●

地球と月の間を光が往復するのに2.56秒かかるので，片道なら1.28秒。

距離＝速さ×時間＝300000×1.28＝384000（km）

チャレンジ 問題★42

速度の比を使って求めよう

A，B，C 3 台の車がそれぞれ一定の速さで同じ道をPからQに向かって出発します。最初にCが出発し，それから 5 分後にBが出発し，それからさらに 3 分してAが出発しました。Bが出発して 20 分後にBはCに追い着き，Aが出発して 30 分後にAはBに追い着きました。AがCに追い着くのは，Aが出発してから何分後ですか。

（ラ・サール中学）

6 年生…超難問

チャレンジ問題★42の答え

$21\frac{1}{3}$ 分後

●●●解説●●●

BはCの5分後に出発して20分後に追い着いたから，速さの比は

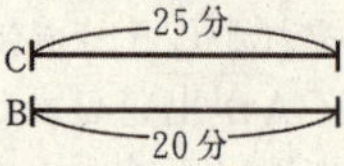

$$\mathrm{B}:\mathrm{C}=\frac{1}{20}:\frac{1}{25}$$
$$=\left(\frac{1}{20}\times 100\right):\left(\frac{1}{25}\times 100\right)$$
$$=5:4$$

AはBの3分後に出発して30分後にBに追い着いたから，速さの比は

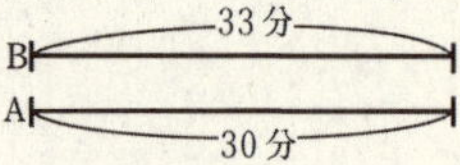

$$\mathrm{A}:\mathrm{B}=\frac{1}{30}:\frac{1}{33}$$
$$=\left(\frac{1}{30}\times 330\right):\left(\frac{1}{33}\times 330\right)$$
$$=11:10$$

3人の速さの比は B：C＝10：8 にできるから

A：B：C＝11：10：8

AがCの8分後に出発するとき，Cはすでに 8×8 の距離だけ進んでいることになります。

この距離を，Aは（11－8）の速さで追い着いていきます。

$$8\times 8\div(11-8)=\frac{64}{3}=21\frac{1}{3}\ \text{（分後）}$$

（注）$\frac{1}{3}$ 分は20秒ですが，問題は「何分後か」をきいているので「$21\frac{1}{3}$ 分後」と答えます。

6，割合の考え方

割合の意味　比と比の値

全体の中でどれくらいを占めるのかを表すのが「割合」です。安売りや野球の打率など，日常でもたびたび目にしていることが，ここにはでてきます。

算数の基礎基本⑭　割合の応用

Q　バーゲンセールはいくらお得でしょうか。

今日はバーゲンセールです。「安い，安い」の看板につられて思わずたくさん買いこんでしまいました。

定価の合計金額は12000円ですが，払ったのはなんと，8400円。

いったい，何割引きだったのでしょうか。

A　3割引き

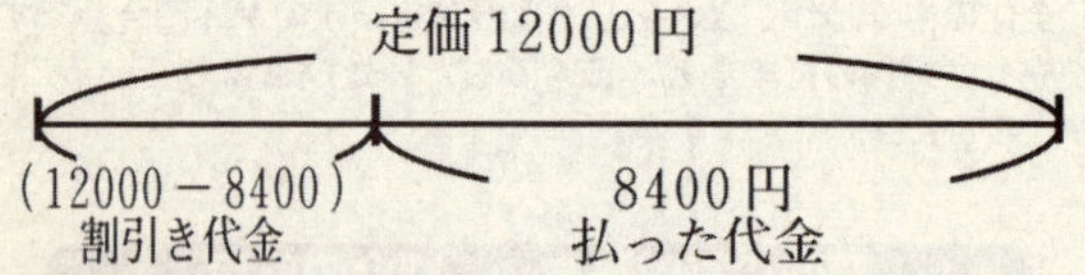

安くなった代金は　12000－8400＝3600（円）

3600 円の定価に対する割合は

3600÷12000＝0.3＝3割

定価は，もとの値段ですから**もとにする量**，3600円は定価に対して何割かを比べていますから**比べられる量**といいます。

ここがポイント!

この問題にでてきたように，何割，という表し方を，歩合といいます。全体の $\frac{1}{10}$ を1割といい，$\frac{1}{100}$，$\frac{1}{1000}$，$\frac{1}{10000}$ をそれぞれ1分，1厘，1毛といいます。

また，全体（もとにする量）を 100 と見たときの割合の表し方を百分率といい，％で表します。

割合は，次のように求めます。

割合＝比べられる量÷もとにする量

チャレンジ 問題★43

野球にでてくる割合の問題

ある野球選手の現在の打数は15で，ヒット数は6です。

(1)　この選手の現在の打率を求めなさい。

(2)　この選手は，今から何本続けてヒットを打てば，打率が5割になりますか。

5年生…発展

チャレンジ 問題★43 の答え

(1)   4割
(2)   3本

●●● 解 説 ●●●

(1)   打率＝ヒット数÷打数で求められますから
$6 \div 15 = 0.4$ で4割になります。

(2)   打率5割というのは，つまり，ヒット数とそれ以外の数が同じになることです。
　下の図のように考えると，あと3本続けてヒットを打てば，打率5割になることがわかります。

```
          15打数
┌─────────────────────┐
│                     │
├──────────┬──────────┤
│ アウト9本 │ ヒット6本 │ 3本
├──────────┼──────────┴──────┐
│ アウト9本 │    ヒット9本     │ …5割
└──────────┴─────────────────┘
```

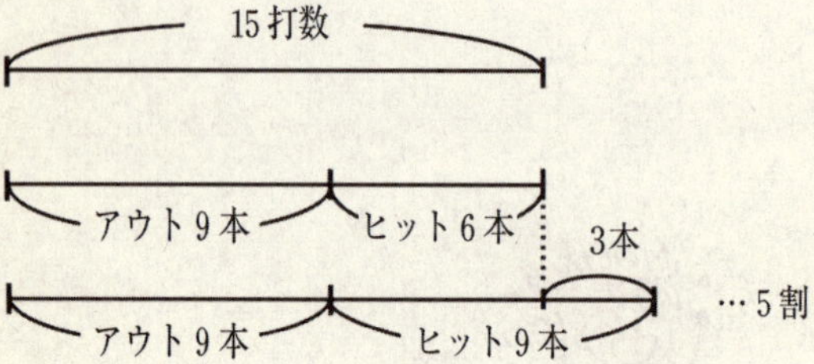

チャレンジ 問題★44

計算上はこうなる（確率の問題）

図のような，同じ幅の溝《みぞ》がつながっている，面白い形をした器具があります。上から小豆《あずき》を入れるとそれが分かれたり，合流したりして，１番下の５つの箱に入ります。

（１）　それぞれの箱に入る小豆の比を，できるだけ簡単な整数の比で表しなさい。

（２）　イの箱に160 gの小豆が入ったとすると，上から何gの小豆を入れたと考えられますか。

（立教中学）

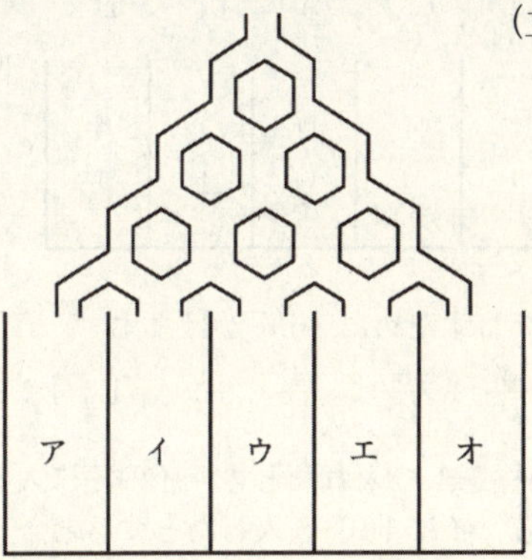

6年生…発展

チャレンジ問題★44の答え

（1）　1：4：6：4：1

（2）　640 g

●●●解説●●●

（1）　仮に1つの小豆を上から入れると，溝に入る比は図のようになります。

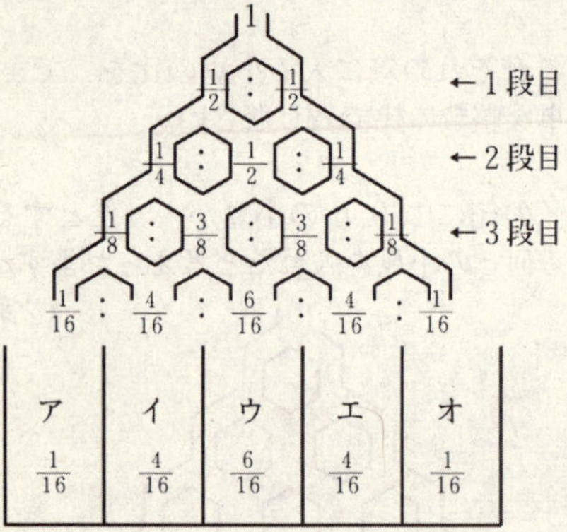

整数になおすために16をかけます。

$$\frac{1}{16}:\frac{4}{16}:\frac{6}{16}:\frac{4}{16}:\frac{1}{16}=1:4:6:4:1$$

（2）　小豆を1つ入れたとき，イの箱に入る割合が $\frac{1}{4}$ だから，イに160 g 入ったとすると

160×4＝640(g)を上から入れたと考えられます。

5時間目

図形

サイコロを開いたらどうなる？
図形の問題を解くには想像力がポイント！

点から立体へ，三次元の世界

◇ 私たちは縦，横，高さに広がる空間の中で生活しています。
 これを，三次元の世界と呼んでいます。
◇ 私たちの生活のようすを，写真に撮りました。でき上がった写真は1枚の紙です。写真の世界は厚みのない世界，縦と横に広がる平面の世界にすぎません。これを二次元の世界といいます。
◇ 縦，横の世界から，縦または横を取ってしまったらどうなるでしょうか。一方向にしか広がることのできない世界，つまり点と線の世界です。これを一次元の世界といいます。
◇ 図形の世界は，これらの3つの世界がからみあってつくられているのです。

この章では，次のことを学習します。
1，図形の要素（2年から）
2，多角形の性質（5年）
3，対称図形（ 挑 戦 ）
4，拡大図・縮図（ 挑 戦 ）
5，立体の展開図・投影図（6年・ 挑 戦 ）
6，立体の断面図（ 挑 戦 ）
7，しきつめる形（5年）

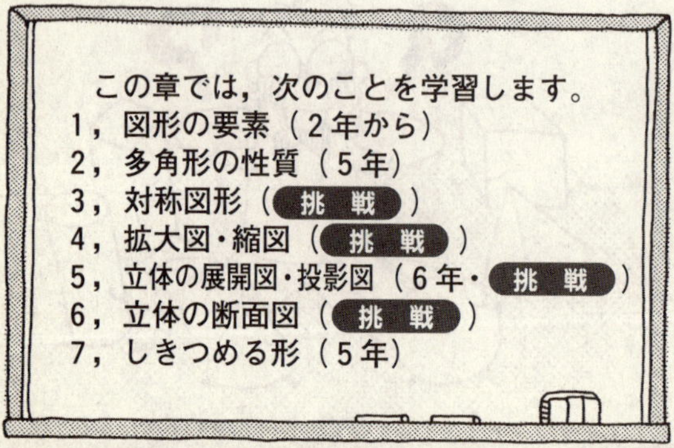

1，図形の要素

回転要素　平面図形　立体図形

図形は，点，辺，角，面などの要素から成り立っています。それぞれの名称をまとめていきます。

●平面図形の仲間

小学校で学習する平面図形です。それぞれの定義を覚えましょう。

算数の基礎基本⑮　平面図形の定義を覚える

Q　図形の名前と定義をいいましょう。

これらの図形の名前と定義をいいましょう。

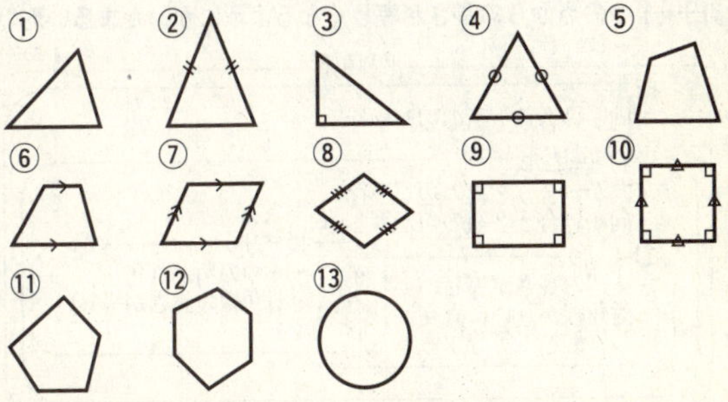

A （下記参照）

覚えよう！

〈小学校で学習する図形の定義〉
① 三角形（不等辺三角形）…3つの直線で囲まれた形
② 二等辺三角形…2つの辺の長さが等しい三角形
③ 直角三角形…1つの角が直角になっている三角形
④ 正三角形…3つの辺の長さが等しい三角形
⑤ 四角形…4つの直線で囲まれた形
⑥ 台形…向かい合う1組の辺が平行な四角形
⑦ 平行四辺形…向かい合う2組の辺が平行な四角形
⑧ ひし形…4つの辺の長さが等しい四角形
⑨ 長方形…4つの角が直角になっている四角形
⑩ 正方形…4つの辺の長さが等しく，角が直角になっている四角形
⑪ 五角形…5つの直線で囲まれた形
⑫ 六角形…6つの直線で囲まれた形
⑬ 円…1つの点からの長さが等しくなるようにかいたまるい形

――― 四角形 ―――
― 台形 ―
・向かい合う1組の辺が平行
― 平行四辺形 ―
・向かい合う2組の辺が平行
・向かい合う2組の角が等しい
― ひし形 ―
・4辺の長さが等しい
・対角線が互いに直交し，他を二等分する
― 長方形 ―
・4つの角が直角
・対角線の長さが等しい

正方形

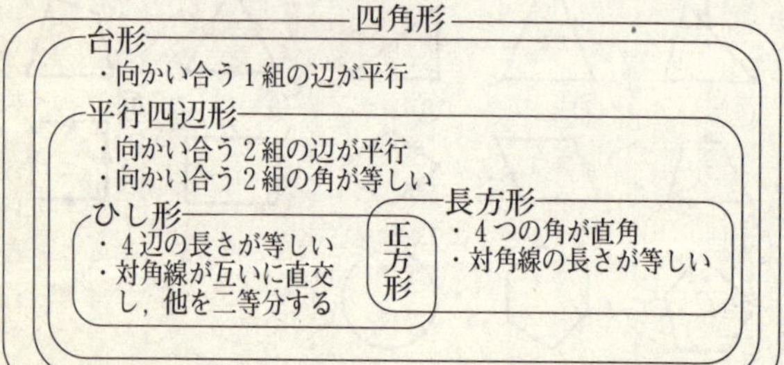

●立体図形の仲間

立体図形の性質について，五角柱と五角すいを例にあげて説明します。

算数の基礎基本⑯　立体図形の定義を覚える

Q　五角柱，五角すいについて答えましょう。

五角柱，五角すいについて調べました。表にあてはまる数や言葉を書きましょう。

	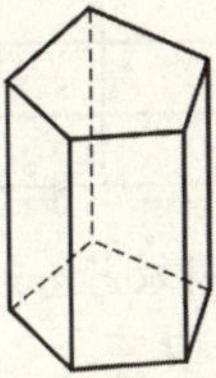 五角柱	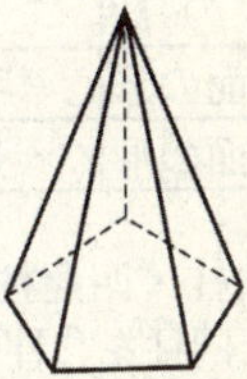 五角すい
頂点の数		
辺 の 数		
面 の 数		
底面の形		
側面の形		

A （下記参照）

	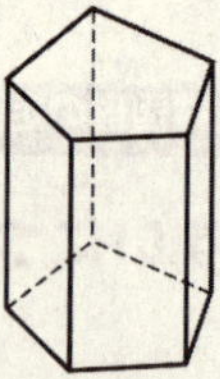 五角柱	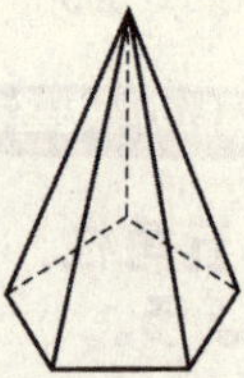 五角すい
頂点の数	10	6
辺 の 数	15	10
面 の 数	7	6
底面の形	五角形	五角形
側面の形	長方形	三角形

三角柱・四角柱・五角柱などを，角柱といいます。角柱と円柱を，柱体といいます。

三角すい・四角すい・五角すいなどを，角すいといいます。角すいと円すいを，すい体といいます。

柱体の底面の数は２つ，すい体の底面の数は１つです。

覚えよう!

柱体の底面は２つ，すい体の底面は１つである。

チャレンジ 問題★45

長さをはからずにかく方法

線をひくためだけの定規と，鉛筆《えんぴつ》と，正方形の折り紙1枚があります。折り紙をうまく折って，正三角形をかきなさい。

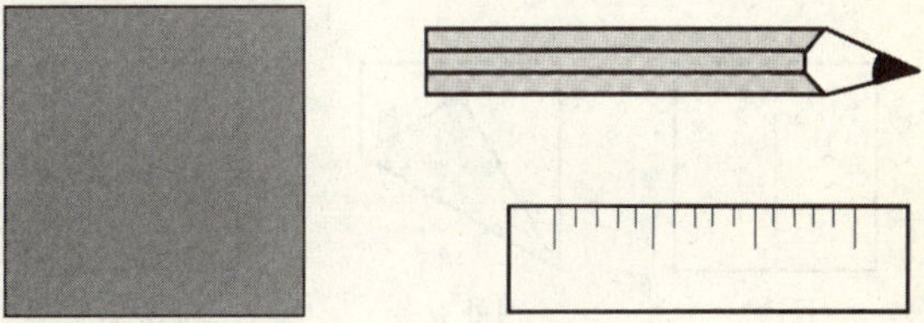

4年生…発展

チャレンジ問題★45の答え

（解説参照）

解説

まず，折り紙を半分に折り，折り目をつけます（図ア）。次に，底辺の左右どちらかの頂点が折り目の上にくるように，斜《なな》めに折ります（図イ）。折り目上の点と底辺の左右の頂点を定規と鉛筆で結べば，正三角形ができます（図ウ）。

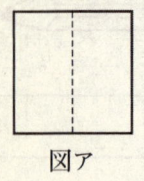

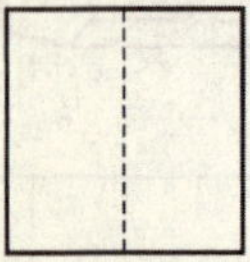

図ア

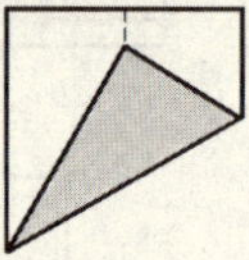

図イ

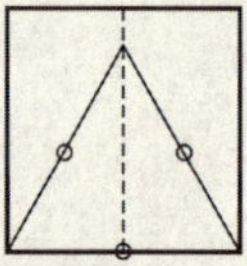

図ウ

チャレンジ 問題★46

まちがえやすい位置関係の問題

立方体を半分に切って三角柱をつくりました。
次の問いに答えなさい。

（1）　面アイオエに垂直な面をすべていいなさい。

（2）　面イウカオに垂直な辺をすべていいなさい。

（3）　面エオカに平行な辺をすべていいなさい。

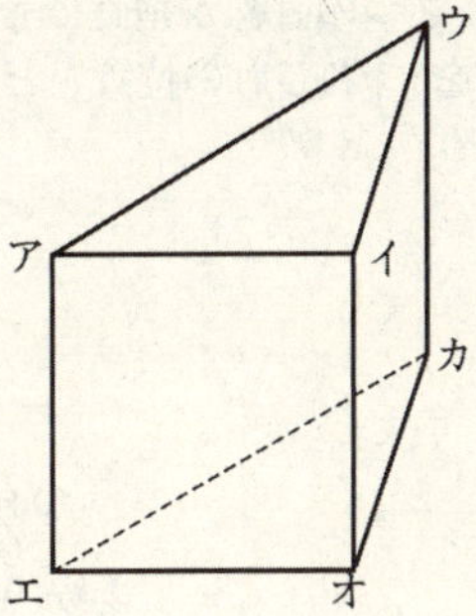

5年生…基本

チャレンジ問題★46の答え

（1）　面イウカオ，面アイウ，面エオカ
（2）　辺アイ，辺エオ
（3）　辺アイ，辺イウ，辺ウア

●●●解説●●●

面が垂直　面が平行　面に垂直　面に平行

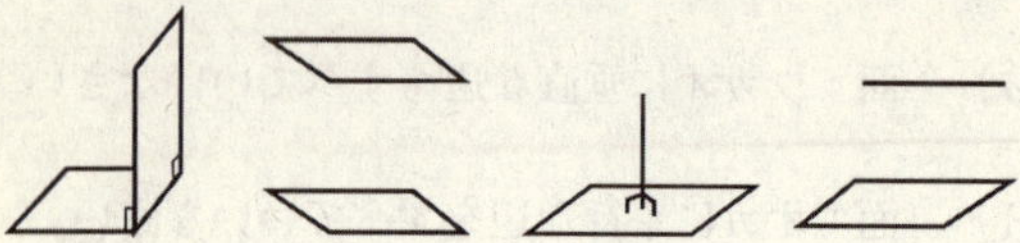

空間において，2つの直線が垂直でも平行でもなく，交わらない場合を，「ねじれの位置」とよんでいます。

2, 多角形の性質

正多角形

多角形の角の大きさや対角線の数は，計算で求めることができます。入試などにも多く取りあげられる問題です。

算数の基礎基本⑰　多角形の考え方

Q　多角形について答えましょう。

（1）　辺の数がいちばん少ない正多角形の名前をいいましょう。

（2）　正五角形の対角線は，全部で何本ひくことができるでしょうか。

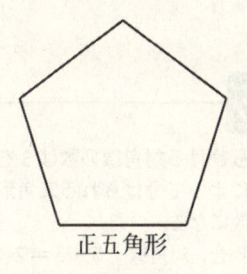

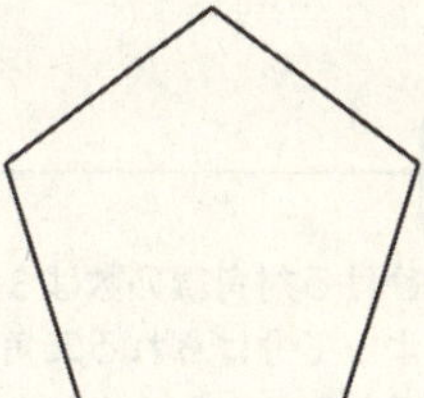

正五角形

A　（1）　正三角形
（2）　5本

（1）　三角形，四角形，五角形，六角形などを，多角形といいます。

辺の長さや角の大きさがみな等しい多角形を，正多角形といいます。

（2）　正五角形の頂点Ａからひける対角線は２本。

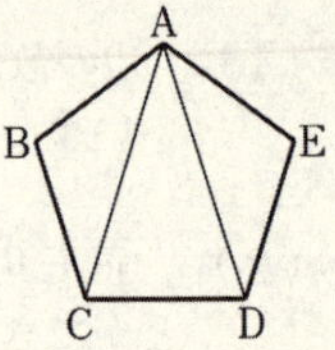

Ｂ，Ｃ，Ｄ，Ｅからも，それぞれ２本ずつひけるので

$2 \times 5 = 10$（本）

ところが，ＡＣ＝ＣＡ，ＡＤ＝ＤＡというように重複してしまうので

$10 \div 2 = 5$（本）

解き方のコツ!

１つの頂点からひける対角線の数は３をひいた数，対角線によって分けられる三角形の数は２をひいた数になる。

(例) 正五角形の場合，対角線　5－3＝2(本)

三角形　5－2＝3(個)

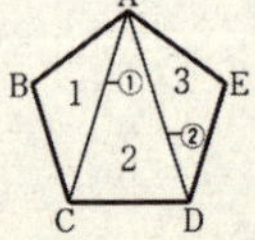

チャレンジ 問題★47

正多角形を調べる

正多角形について答えなさい。

（1）　正五角形の１つの内角の大きさを求めなさい。

（2）　正六角形のかき方を説明しなさい。

挑　戦

チャレンジ問題★47の答え

（1）　108°

（2）　まず，円をかき，円周を6等分します。

このとき，中心角は

$360° \div 6 = 60°$　になります。

6等分した円周上の点をつないでいけば，正六角形がかけます。

●●●解説●●●

（1）　182ページの「解き方のコツ！」より，正五角形の内角の和は

$180° \times (5-2) = 540°$

よって，

$540° \div 5 = 108°$

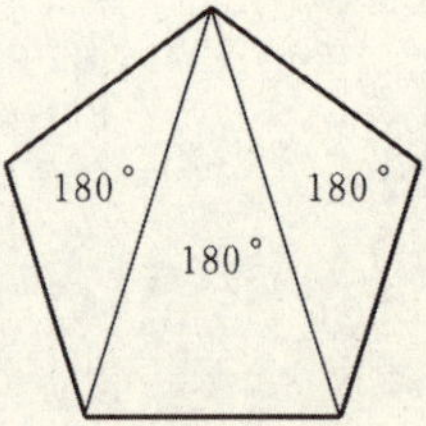

3, 対称図形

線対称　点対称

1つの点や1つの直線をはさんで同じ形になっていることを「対称」といいます。下のQのような問題は，小学生の間でクイズになったりもしています。

算数の基礎基本⑱　線対称・点対称

Q　6つめの図形はどんな形でしょうか。

5つの図形が並んでいます。6つ目の図形は，ズバリ，どんな形をしているでしょうか。

①

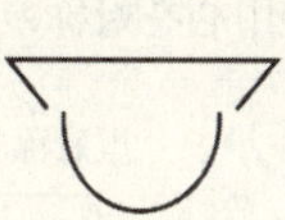

②

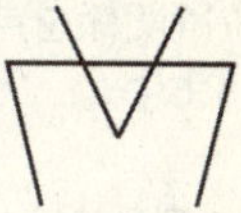

③

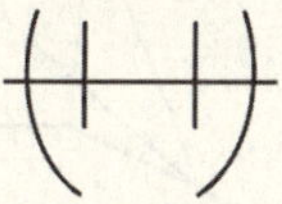

④

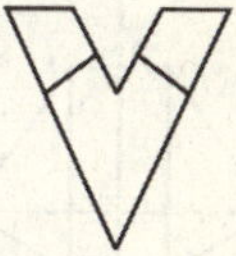

⑤

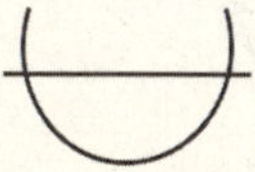

A

左半分を隠《かく》してみましょう。

実はカタカナだったのです。①から順にア，カ，サ，タ，ナ。

6つ目の図形は，ハを2つ並べた形になります。

1つの直線をはさんで上下，左右が同じ形になっていることを線対称《せんたいしょう》といい，この直線を対称軸《たいしょうじく》といいます。

また，1つの点を中心にして180°回転させた場合の位置関係を点対称《てんたいしょう》といい，この中心を対称《たいしょう》の中心《ちゅうしん》といいます。

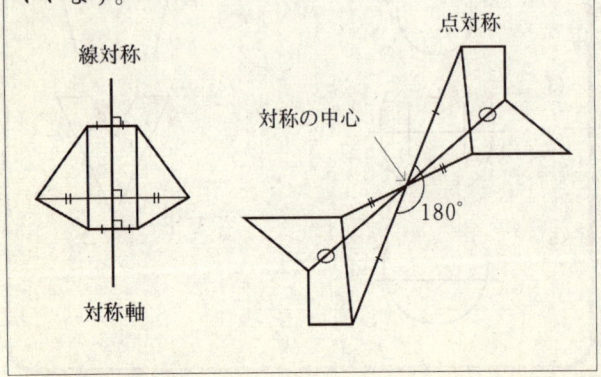

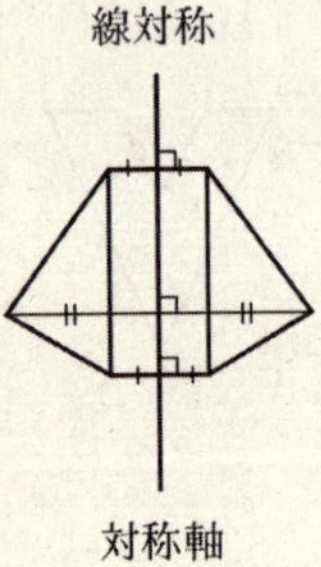

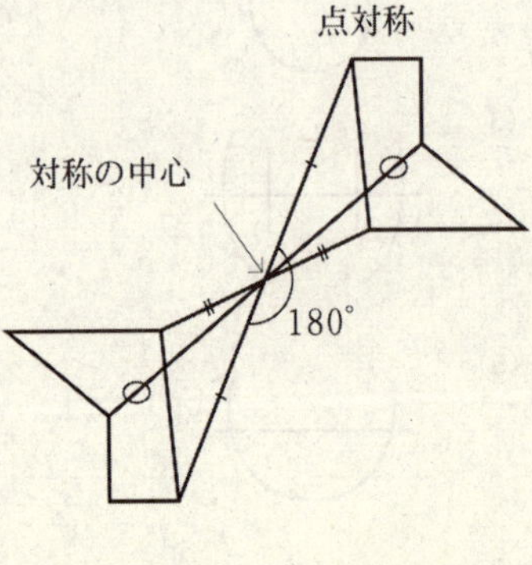

チャレンジ 問題★48

アルファベットの仲間分け

アルファベットを見て答えなさい。

（1）　文字そのものが点対称なものをすべてかきなさい。

（2）　文字そのものが線対称であり，点対称ではないものを，すべてかきなさい。

A　B　C　D　E
F　G　H　I　J
K　L　M　N　O
P　Q　R　S　T
U　V　W　X　Y
Z

挑戦

チャレンジ問題★48の答え

（1） H I N O S X Z の7個
（2） A B C D E K M T U V W Y の12個

●●●解説●●●

（1） 対称の中心をかき入れると，このようになります。

（2） 対称軸をかき入れるとこのようになります。

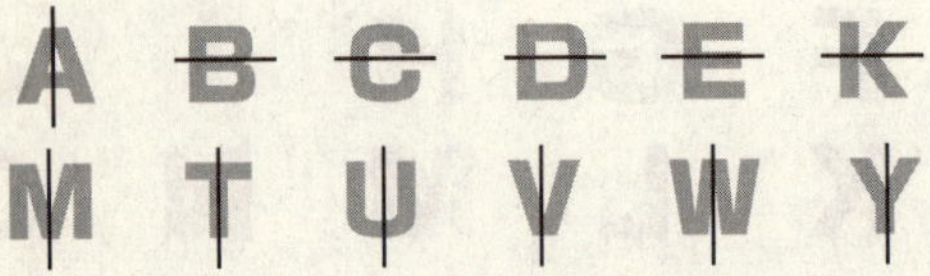

(注) 厳密にいえば，B（上下大きさがちがう），K（2，3画目の接点がちがう）はちがうのですが，ここでは許容しました。

チャレンジ 問題★49

折り曲げればピタッと重なる

直線ABを対称の軸として，線対称な形を完成させなさい。

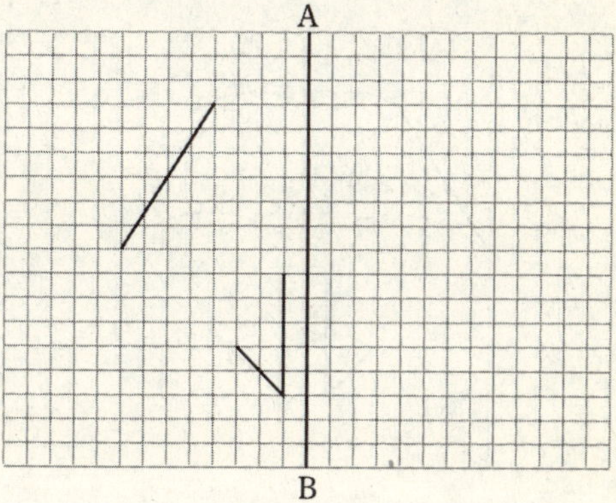

挑　戦

チャレンジ問題★49の答え

（解説参照）

●●●解説●●●

対応する頂点から対称の軸までの距離《きょり》が等しいことを利用してかきます。

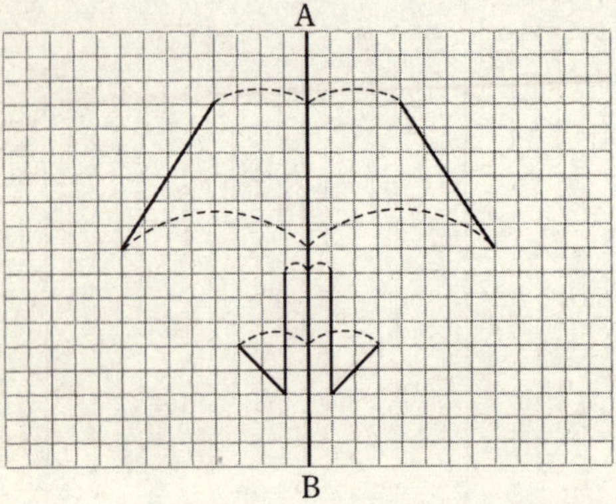

チャレンジ問題★50

見えない部分を推理して

図のように，折り紙を3回折ります。

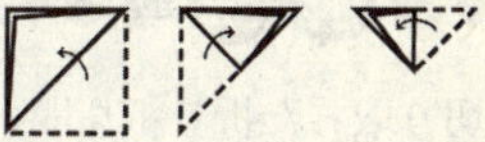

ア～カのように，折った折り紙の■部分を切り取って再び開くと，それぞれA～Fのどれになりますか。

ア　イ　ウ　エ　オ　カ

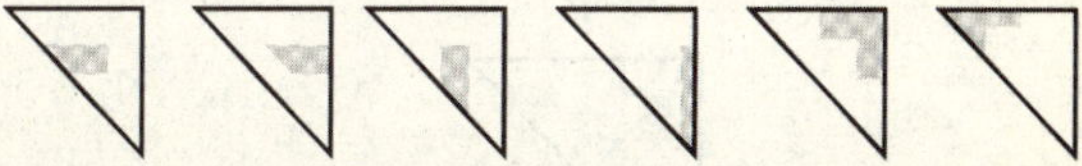

A

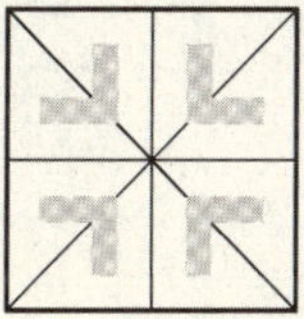

B

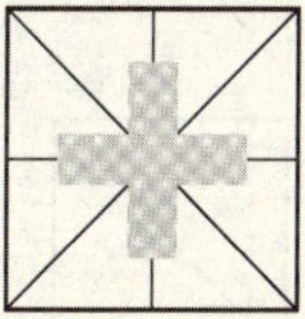

C

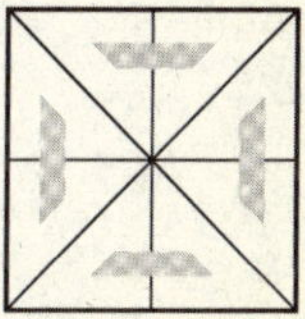

D

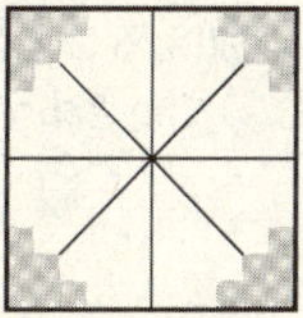

E

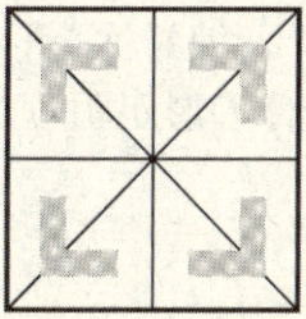

F

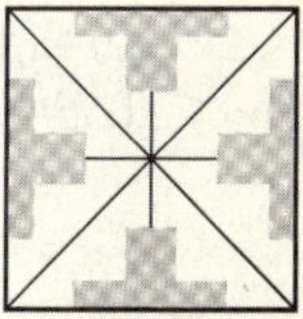

挑 戦

チャレンジ問題★50の答え

アーE　イーC　ウーA　エーB
オーF　カーD

解説

切り取った折り紙を開いていきます。
アを例にあげると，下の図のようになります。

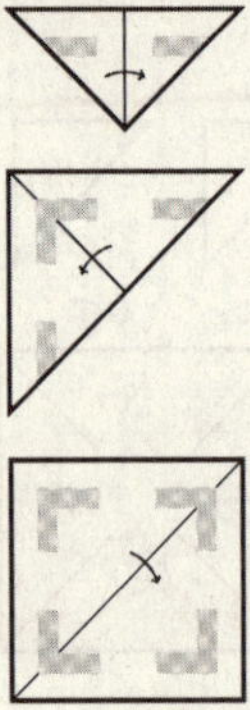

このように，次々と線対称な形をかき加えることによって，しだいに全体の形が明らかになっていきます。

4, 拡大図・縮図

かき方　地図への応用

「拡大図・縮図」は，中学校で「相似」として学習します。ここでは身近なものを使って説明していきます。

算数の基礎基本⑲　拡大・縮小の考え方

Q　スクリーンに映る図形をかきましょう。

図のように，光源から10㎝の位置にスライドを置き，光源から50㎝の位置にスクリーンを置きました（スライドとスクリーンは平行）。スクリーンに映る図形をかきましょう。

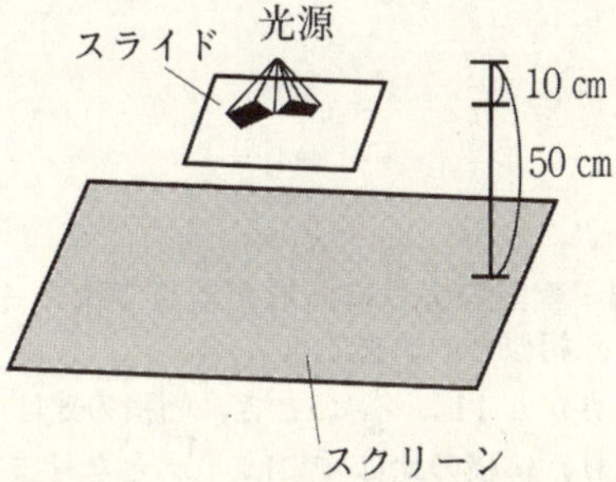

A　（下記参照）

光源と，スライドの図形の各頂点との距離をそれぞれ5倍し，その点を結びます。

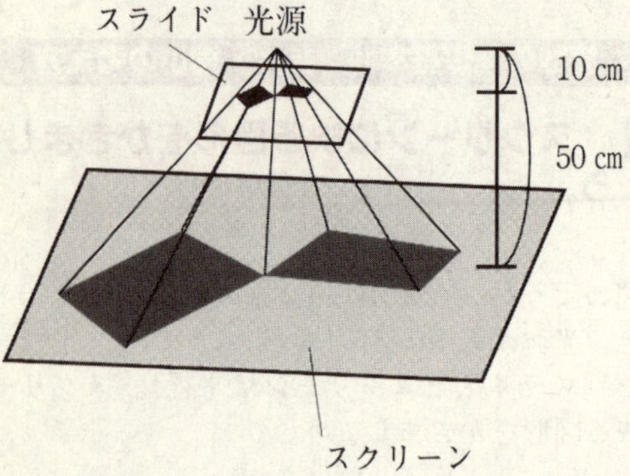

拡大図・縮図のように，形が同じで大きさだけが違うことを，相似といいます。
辺の長さが a：1：$\frac{1}{a}$ のとき，面積の比は a^2：1：$\frac{1}{a^2}$ となり，体積の比は a^3：1：$\frac{1}{a^3}$ となります。

チャレンジ問題★51

折れ曲がった影

校舎から10 mの位置に高さ1 mの鉄棒があり，その並びに木がたっています。(校舎と鉄棒は平行)

今，校舎に対して垂直になるように影《かげ》ができています。影の長さをはかったところ，図のようになっていました。

木の高さを求めなさい。

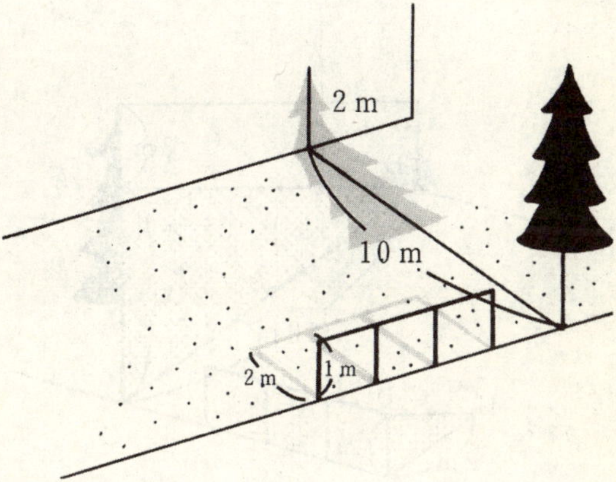

6年生…発展

チャレンジ問題★51の答え

7 m

●●●解説●●●

図のように補助線をひきます。

△ABCと△DEFは相似だから

x：10＝1：2

　　x＝5

木の高さは，5＋2＝7（m）

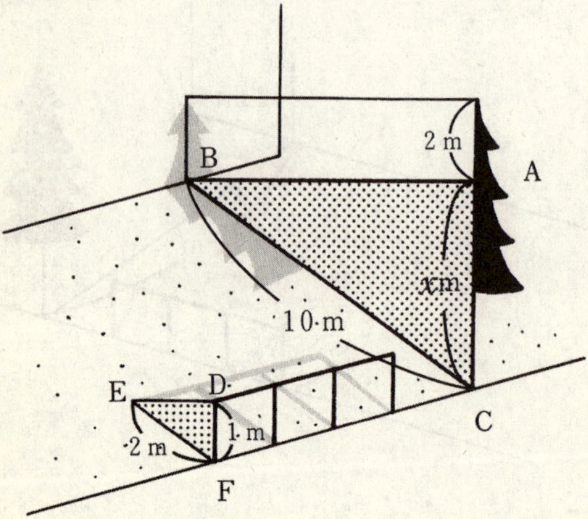

チャレンジ 問題★52

地図に表された土地

縦と横の長さの比が2：3の長方形をした土地があります。この土地を$\frac{1}{2000}$の縮図にすると，周りの長さが20 cmになりました。

この土地の実際の面積は何m^2ありますか。

（高知学芸中学）

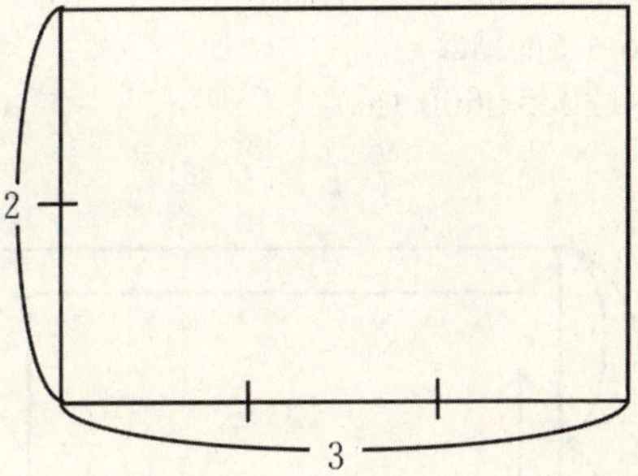

6年生…難問

チャレンジ問題★52の答え

9600 m²

●●●解説●●●

実際の土地の周りの長さは縮図の2000倍だから

$20 \times 2000 = 40000$ cm $= 400$ m

縦と横の長さの比が2：3だから，縦の長さは

$400 \div 2 \times \frac{2}{2+3} = 80$ (m)

横の長さは

$400 \div 2 - 80 = 120$ (m)

したがって面積は

$80 \times 120 = 9600$ (m²)

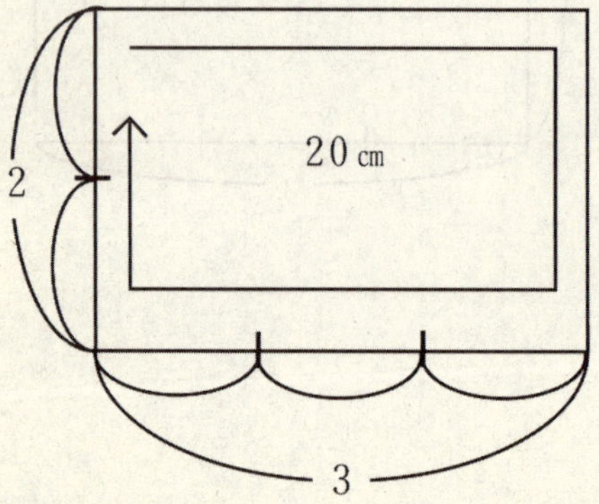

5, 立体の展開図・投影図

立体の展開図　投影図

組み立てると立体ができ上がる図を，展開図といいます。また，立体を正面，真上（真横）から見た図を投影図といいます。どちらも，立体を紙上で説明するのに役立ちます。

算数の基礎基本⑳　立体図形のさまざまな表し方

Q　頭と胴体がつながる子どもは誰でしょうか。

次の展開図を組み立てたとき，頭と胴体がきちんとつながる子どもの名前をいいましょう。

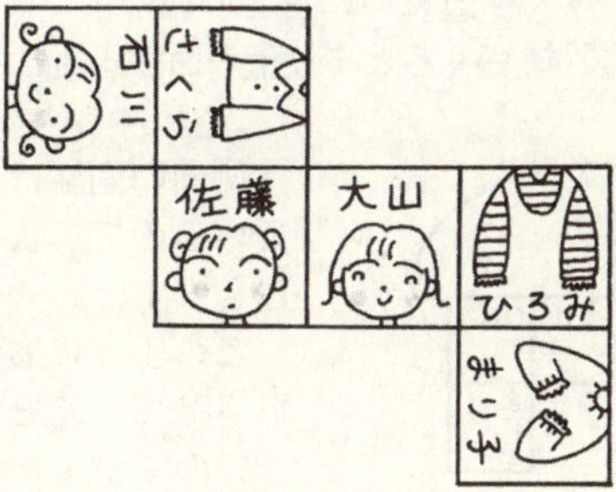

A　石川まり子

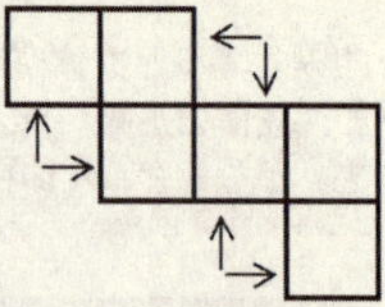

まずどの辺とどの辺がくっつくのかを考えます。
(←のところ)

立方体は，4つの側面と2つの底面でできています。

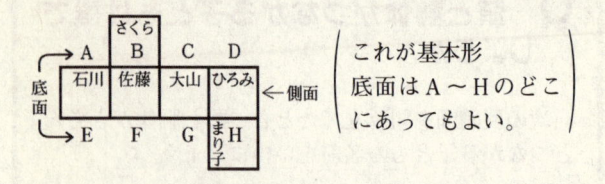

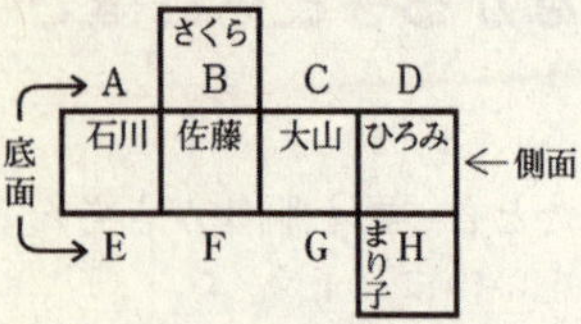

（これが基本形
底面はA～Hのどこにあってもよい。）

わかりやすくするために，上の図のように並べ替えます。ここでは，さくらとまり子の面を底面と考えます。

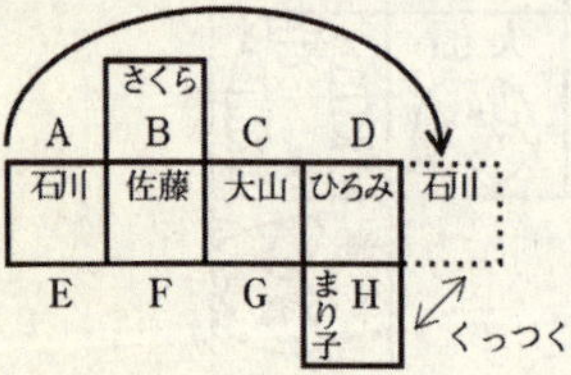

側面の両端《りょうたん》はつながっているので，AはDの隣にきます。

このように展開図を変形させていくとわかりやすいのです。

下の図のように，立体を切り開いた形を，**展開図《てんかいず》**といいます。切り開き方によって，いろいろな形の展開図をつくることができます。

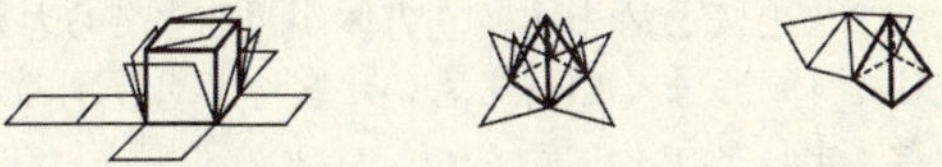

立体図形には，次のような表し方もあります。

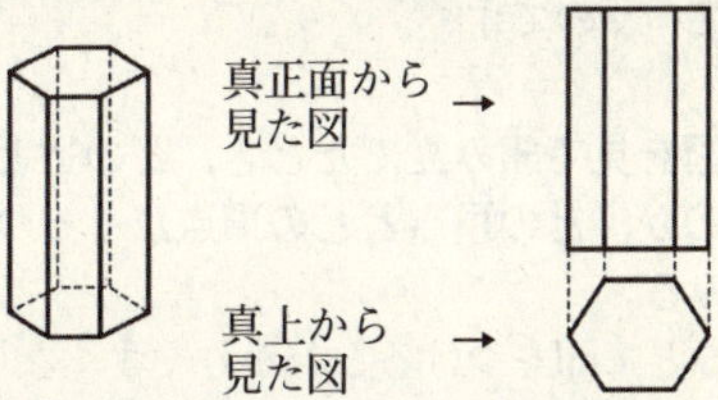

見取り図　　投影図

算数　ものしりコラム

●立体図形を頭にイメージできるようにするためには

立体図形の問題を解くためには，その立体を頭の中にイメージすることが必要となります。これが相当難しいのです。

頭の中でイメージできるようにするために，次のページのようなトレーニングをしてみましょう。

①　実際に立体模型《もけい》を組み立ててみる。(立方体の場合)

まず，6つの正方形の板(厚紙でつくる)を用意します。

これを，辺どうしをくっつけて自由に並べさせ，粘着テープなどでとめます。立方体が組み立てられれば大成功です。うまくいってもいかなくても，別の並べ方を考えましょう。

何種類もためしてみることで，少しずつ感覚が身についていくのです。

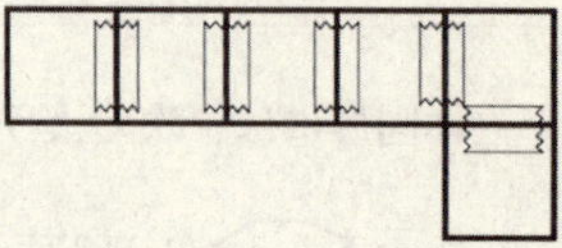

②　展開図を見て組み立てたとき，どの辺とどの辺がくっつくのか，どの頂点とどの頂点がくっつくのかを想像してみる。

色鉛筆などで印をつけるとわかりやすくなります。

答えがわかったからといって安心しないで，実際に確かめることも大切です。切りぬいた展開図を組み立ててみると，思わぬ結果になることもあるからです。(下の図の黒丸と重なる頂点は全部で2つあります。)

このようなトレーニングを遊びの1つとして小さいうちから取り入れるとよいでしょう。

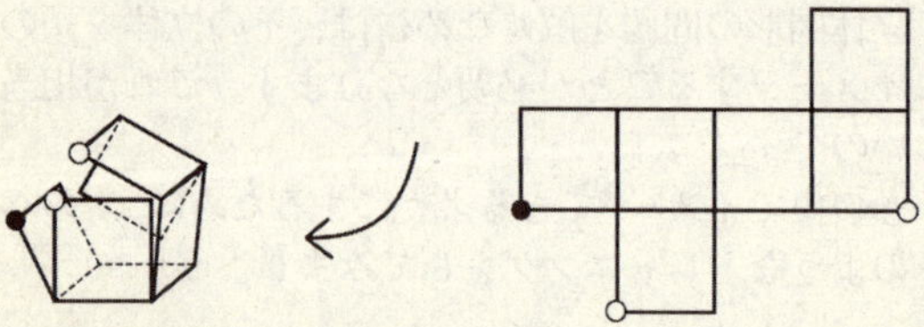

チャレンジ 問題★53

立方体の展開図は11種類

次の展開図の中で，立方体がつくれないものをすべて探しなさい。

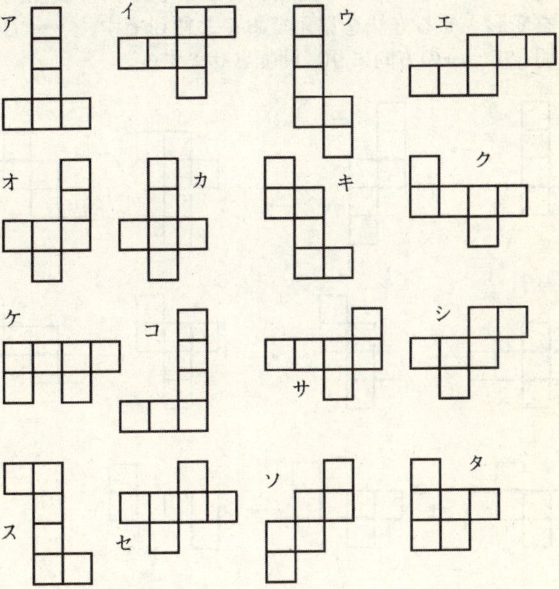

6年生…応用

チャレンジ問題★53の答え

ウ　オ　ケ　コ　タ

●●●解説●●●

立方体の展開図は，全部で11種類あります（裏返しただけのものは，1種類として考えます)。展開図を変形させる方法を覚えておくと便利です。━━で切って，→の方向に90°回転させます。

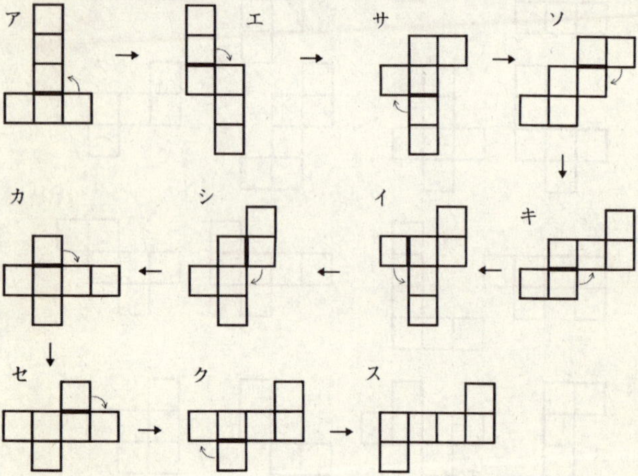

(注) イ，ク，サ，シ，ソは，説明上，図を裏返しにしてあります。

チャレンジ問題★54

頭の中で組み立てる

次の正八面体の展開図の，辺ＡＢと重なる辺，頂点Ｅと重なる頂点をそれぞれいいなさい。

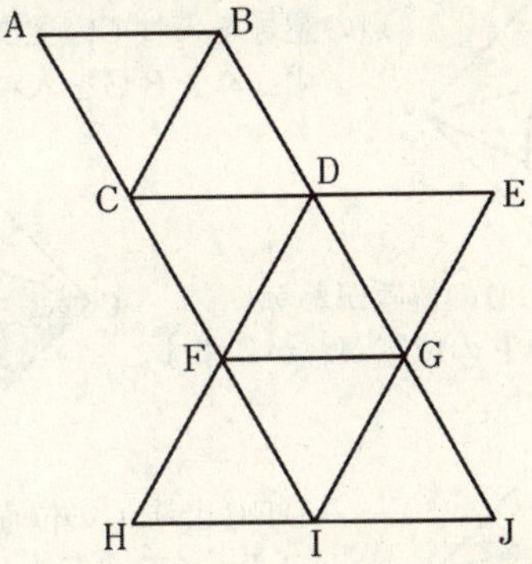

挑　戦

チャレンジ問題★54の答え

辺ＩＪ，頂点Ｂと頂点Ｊ

●●●解説●●●

実際に組み立ててみるとわかりますが，紙上で組み立てることもできます。

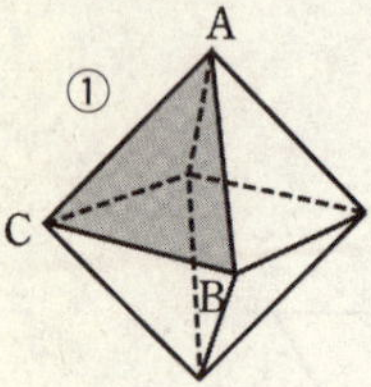

正八面体の見取り図をかき，頂点の記号を入れていきます。

まず，△ＡＢＣを入れます。

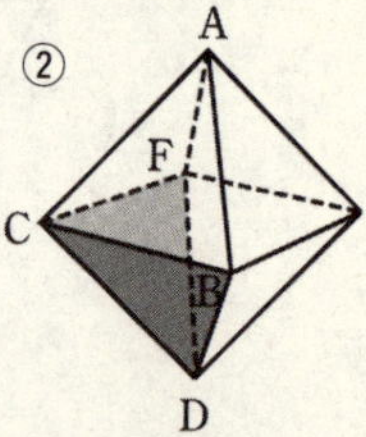

△BCDのDの位置がわかり，
△CDFよりFの位置がわかります。

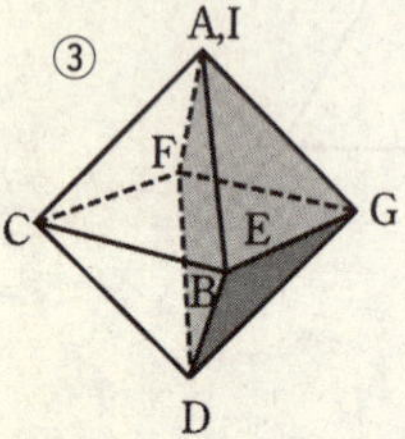

△ＤＦＧより，Ｇの位置がわかり，
△ＦＧＩ，△ＤＧＥより
Ａ＝Ｉ，Ｂ＝Ｅ

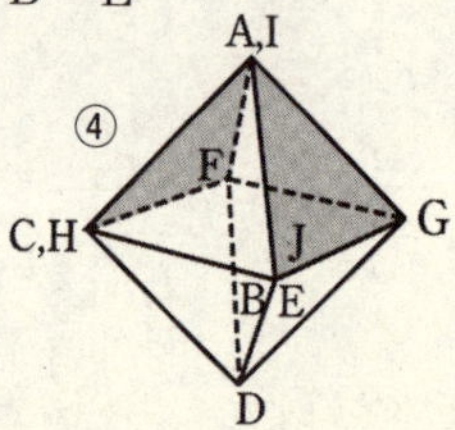

△ＩＦＨより，Ｃ＝Ｈ
△ＧＩＪより，Ｊ＝Ｅ＝Ｂ

チャレンジ 問題★55

立体を切り開いて面積を求める

図のような展開図について答えなさい。

（1）　どんな立体の展開図ですか。

（2）　底面の半径を求めなさい。

（3）　表面積を求めなさい。

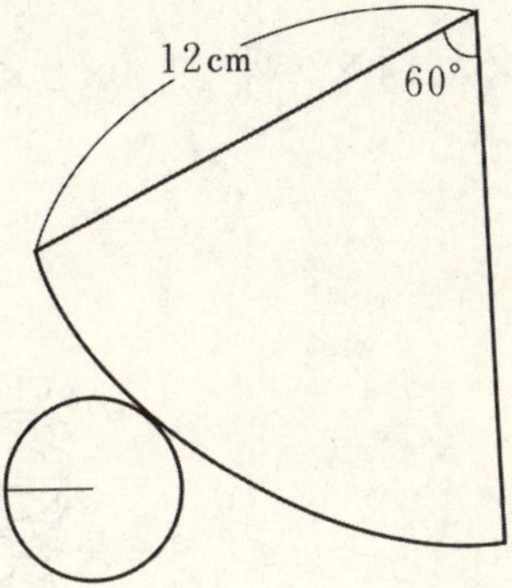

挑 戦

チャレンジ問題★55の答え

（1）　円すい
（2）　2 cm
（3）　87.92 cm^2

●●●解説●●●

（2）　おうぎ形の弧《こ》の長さと，底面の円周の長さが等しいことに目をつけます。よって，半径は

$$12 \times 2 \times 3.14 \times \frac{60}{360} \div 3.14 \div 2$$

$$= 12 \times \frac{1}{6} = 2\ (\mathrm{cm})$$

（3）　表面積は，側面と底面の面積の和で求められます。

$$12 \times 12 \times 3.14 \times \frac{60}{360} + 2 \times 2 \times 3.14$$

$$= 87.92\ (\mathrm{cm}^2)$$

チャレンジ 問題★56

リボンの通り道

直方体の箱にリボンをかけました。
リボンの通り道を，展開図の上に示しなさい。

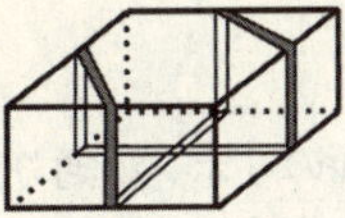

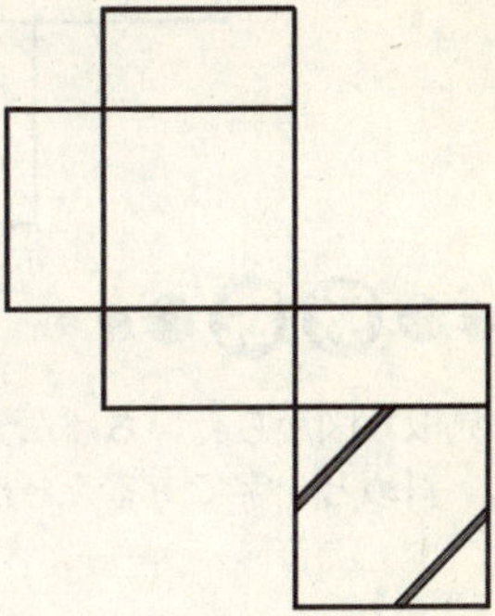

6年生…応用

チャレンジ問題★56の答え

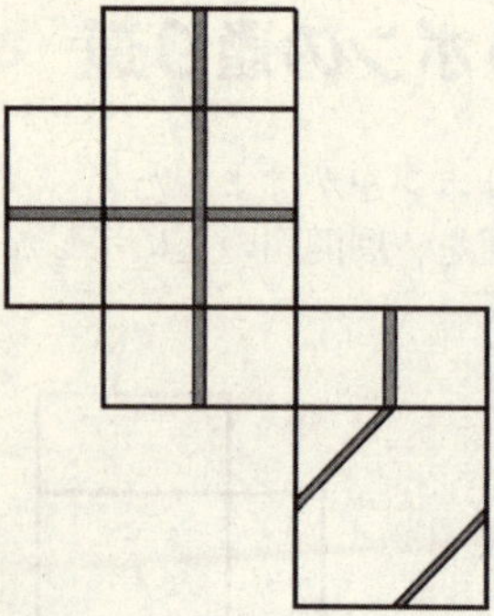

●●●解説●●●

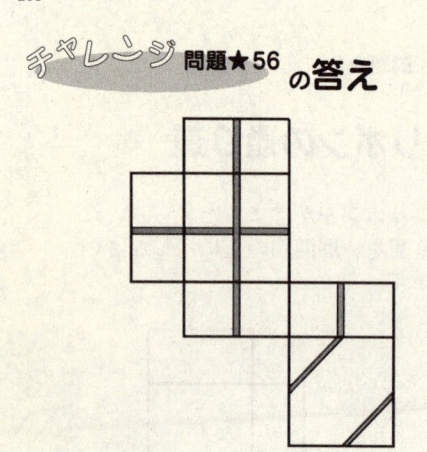

見取り図から，いちばん大きな面のリボンの通り道は，斜めと十字であることがわかります。

6, 立体の断面図

立体の学習

断面図とは，すなわち「切り口」のことです。角度，場所によって形の変わる場合と，どこを切っても同じ場合があります。

算数の基礎基本㉑　立体の切り口

Q　立体の切り口はどんな形になるのでしょうか。

球，半球，円柱をA～Dの面で切ると，切り口はどんな形になるでしょうか。ア～カから選びなさい。

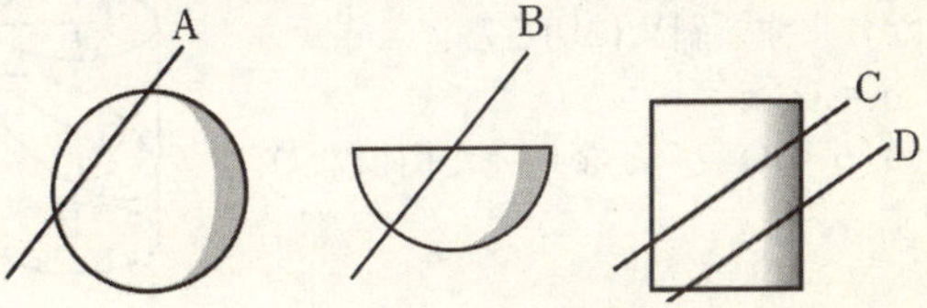

※正面から見た投影図

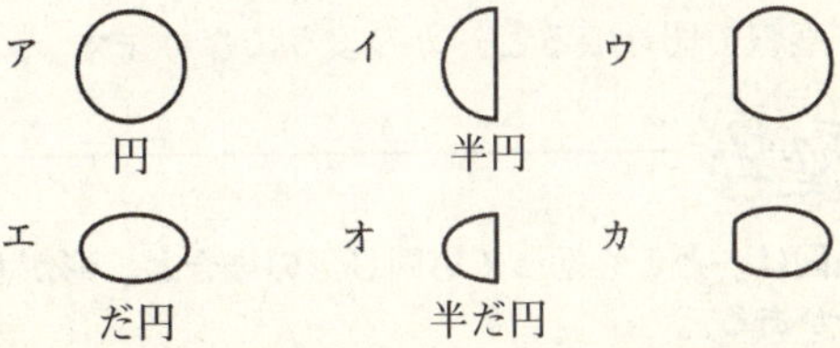

A

A…ア
B…イ
C…エ
D…カ

A　球は，どこで切っても，切り口は円になります。すいかなどを実際に切ってみるとよくわかるでしょう。

簡単そうで，よくまちがえる問題です。

B　球の切り口が円ですから，円をさらに１本の直線で切ったと考えるとわかります。

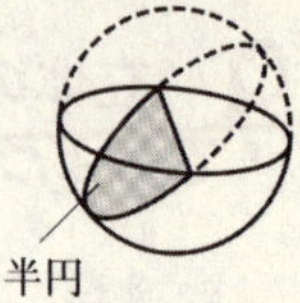

C　底辺に平行に切ると切り口は円になります。斜めに切ると，

$O\,a = O'a'$

$O\,b < O'b'$となり，だ円になります。

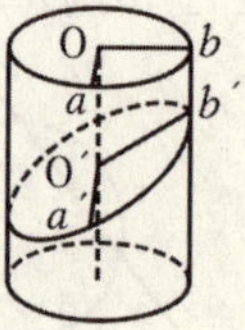

D　円柱を斜めに切ると，切り口はだ円になります。だ円を直線で切り取ると，カのようになります。

覚えよう!

断面図は，どこを切っても同じ形の場合と，形がちがう場合がある。

チャレンジ 問題★57

立体の切り口は？

立方体の一部を切り取って，切り口が正三角形になるようにするには，どのように切ればよいですか。

図にかき入れなさい。

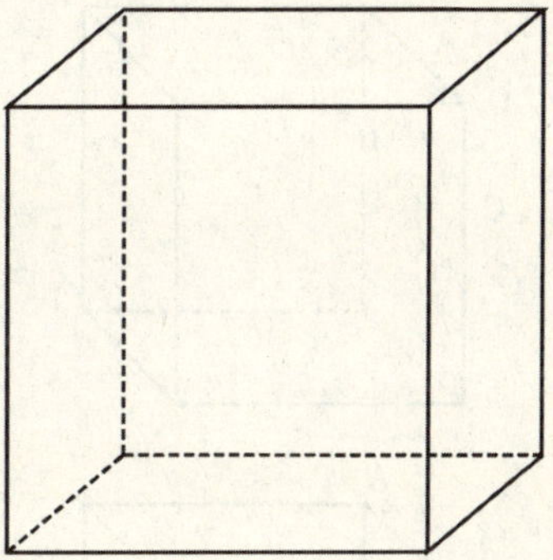

挑 戦

チャレンジ問題★57の答え

（下記参照）

解説

ＯＡ＝ＯＢ＝ＯＣとなるように点Ａ，Ｂ，Ｃをとり，点Ａ，Ｂ，Ｃを通るように切れば，正三角形ができます。

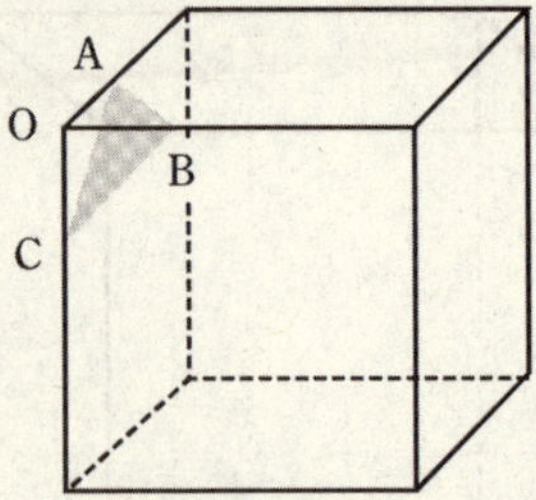

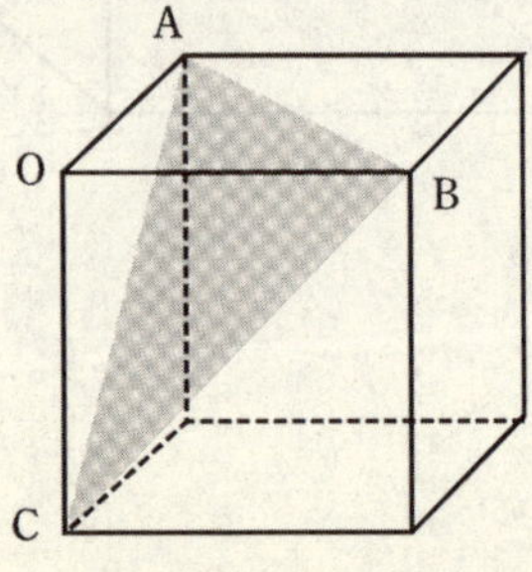

チャレンジ 問題★58

平面から立体へ（回転体）

下の図のような形を，ＡＢを軸として１回転させます。

ＡＢの軸は，左右に移動させることができるとすると，体積がいちばん大きくなる場合といちばん小さくなる場合の，体積を求めなさい。（ＡＢの軸は底辺に垂直で，底辺からはみ出さない範囲で移動するものとします。）

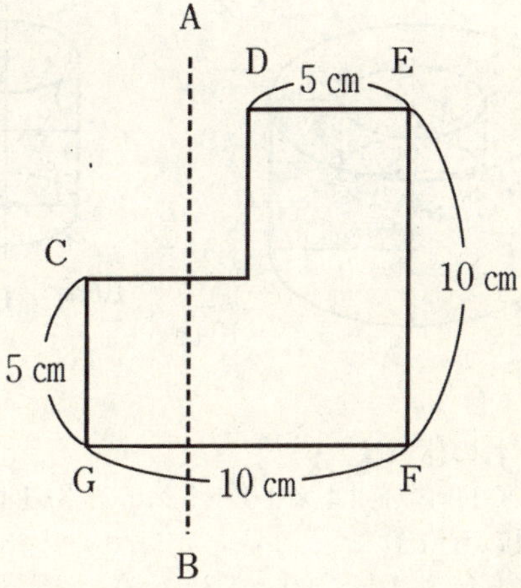

挑 戦

チャレンジ問題★58の答え

いちばん大きくなる場合　2747.5 ㎤
いちばん小さくなる場合　785 ㎤

●●●解説●●●

1回転させたときに，体積がいちばん大きくなるのは①，体積がいちばん小さくなるのは②の場合です。

①

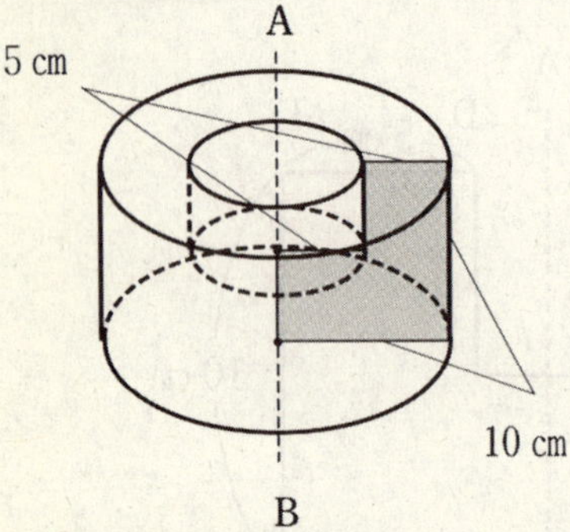

②

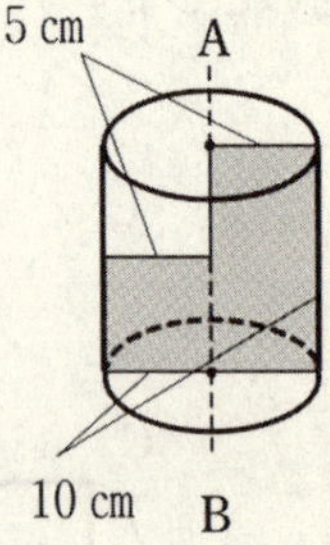

それぞれの体積は

①　$10 \times 10 \times 3.14 \times 10 - 5 \times 5 \times 3.14 \times 5$
$= 2747.5$（㎤）

②　$5 \times 5 \times 3.14 \times 10 = 785$（㎤）

7，しきつめる形

しきつめる形

一面に同じ形のタイルをしきつめる場合があります。パッチワークの布や，おふろのタイルで見かけるかもしれません。

レンガ塀や浴室のタイルは色の組み合わせできれいな模様がつくられています。でも，よく見ると，タイルの形は単純そのものです。

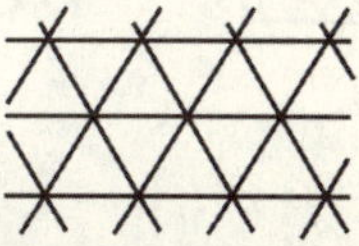

算数の基礎基本㉒　しきつめられる形，しきつめられない形

Q　すき間なくしきつめられる形はどれでしょうか。

正五角形，正六角形，正八角形のタイルがあります。このうち，同じ形のタイルだけを使って床一面にしきつめようと考えました。どのタイルを使えば，すき間なくしきつめることができるでしょうか。

A　正六角形

正五角形や正八角形を並べていくと，次の図のようにすき間ができてしまいます。

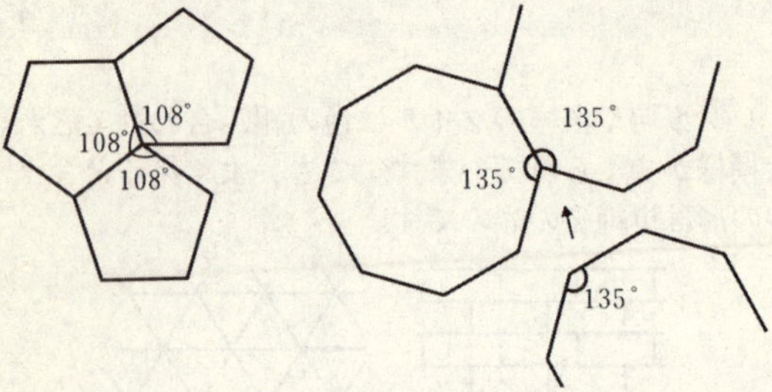

正六角形の１つの角は120°です。正六角形がすき間なくしきつめられるのは，１つの頂点の周りに角を集めるとちょうど360°になるからです。

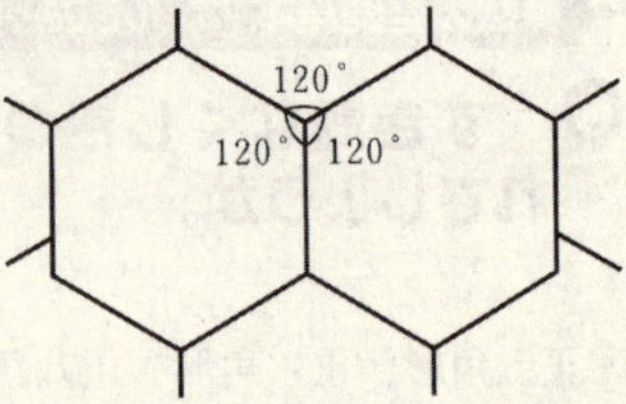

解き方のコツ!

組み合わさる角度を合計してみよう。

おわりに

解き方のしくみを教えたくて

小学生のとき，面白い算数の問題の本を見てから，すっかり算数好きになりました。数のしくみの面白さに，パズルを解くような気持ちで夢中になりました。「奈良の大仏が，もし立ち上がったら，どれくらいの速さで歩くのか。東京まで何時間かかるのか。」という問題など，わくわくとしたものです。

算数ぎらいの子は，小学校の中学年からぐんと増えてきます。急に多くの種類の計算問題が出てくるからです。でも，ほとんどの算数の問題の答えは1つです。その答えにいきつくまでに，解き方のポイントを探すのには苦労しますが，解けたときの嬉しさは特別なものがあります。問題の種類によって解き方のパターンがあり，それを早くつかめるかどうかによって，得意不得意が分かれるようです。この本で，その問題のしくみを探す楽しさを知り，難しい問題をすっきり解けたときの楽しさを，多くの人に味わっていただけたらと思います。

本書の執筆にあたっては，向山洋一先生をはじめ，ＴＯＳＳの事務局の方々から励まされ，ＰＨＰ研究所出版部の方々には，たくさんのアドバイスをいただき，また原稿が遅いのを辛抱強く，激励していただきました。編集の「どりむ社」の方々にも，お世話になり，多くの方々のおかげでこの本が誕生しました。厚くお礼を申しあげます。

石川裕美

考える楽しさを伝えるために

私が小学生だった頃，算数の教科書に「問題の考え方」というページがありました。植木算であったり，流水算であったり，一見やさしそうなのに取り組んでみるとなかなか解けないのです。ときには，休み時間になっても友達と「ああでもない，こうでもない」と頭を寄せ合ったものでした。

なぜこんなに夢中になったのでしょうか。

それは，まるでクイズのようだったからです。

だれにでも解けるような問題よりも，ちょっとレベルが高い問題に挑戦意欲がかきたてられたのです。悩んだ末解けたときの気持ちのよさ。一度味わったら忘れることはできません。

今の小学生は時間に追われて，じっくりと問題に取り組むゆとりがありません。お父さんお母さんと共に，そんな小学生にも取り組んでもらいたい問題を集めました。算数というより，クイズのつもりで挑戦してくれたらと思います。そして，問題を解く楽しさもわかってもらえることを願っています。

最後に，この本を書く機会を与えてくださった向山洋一先生，支援してくださったＴＯＳＳの事務局の先生方，いろいろとアドバイスしてくださったＰＨＰ研究所出版部の方々，編集を担当してくださった「どりむ社」の皆さん，本当にありがとうございました。

遠藤真理子

編者略歴
向山洋一（むこうやま　よういち）
1943年東京生まれ。東京学芸大学社会科卒業。現在、千葉大学講師。ＮＨＫ「クイズ面白ゼミナール」教科書問題作成委員に任じられるなど幅広い活動を行っている。ＴＯＳＳ（教育技術法則化運動）代表、全国エネルギー教育研究会座長、全国都市づくり教育研究会座長、上海師範大学客員教授、子どもチャレンジランキング連盟副代表、日本言語技術教育学会副会長、日本教育技術学会会長。また、月刊『教室ツーウェイ』（明治図書）編集長、『教育トークライン』『ジュニア・ボランティア教育』誌（いずれも東京教育技術研究所）編集代表。著書に『授業の腕を上げる法則』『いじめの構造を破壊せよ』（以上、明治図書）、『学級崩壊からの生還』（扶桑社）、『向山式「勉強のコツ」がよくわかる本』（ＰＨＰ文庫）ほか多数。

著者略歴
石川裕美（いしかわ　ひろみ）
1953年横浜生まれ。東京学芸大学教育学部卒。現在、東京都大田区立田園調布小学校教諭、『女教師ツーウェイ』（明治図書）編集長。著書に『すぐ使える片々の授業技術』『学級経営案の書き方』『ヤングママ先生時代を乗りきる智恵袋』（以上、明治図書）、『向山式おもしろ学習ゲーム５～６才』（主婦の友社）などがある。

遠藤真理子（えんどう　まりこ）
1958年東京生まれ。文教大学教育学部卒。現在、東京都中央区立月島第二小学校教諭。著書に『洋一・真理子のザ★宿題　国語の達人・算数の達人』（主婦の友社）などがある。月刊誌『教室ツーウェイ』（明治図書）などに論文多数。

この作品は1996年7月、ＰＨＰ研究所より刊行されました。
なお、文庫化にあたり、若干の修正を施しました。

PHP文庫	「勉強のコツ」シリーズ 小学校の「算数」を5時間で攻略する本

2002年9月4日	第1版第1刷
編 者	向 山 洋 一
著 者	石 川 裕 美
	遠 藤 真 理 子
発行者	江 口 克 彦
発行所	PHP研究所

東京本部 〒102-8331 千代田区三番町3番地10
　　　　　　文庫出版部 ☎03-3239-6259
　　　　　　普及一部 ☎03-3239-6233
京都本部 〒601-8411 京都市南区西九条北ノ内町11
PHP INTERFACE　http://www.php.co.jp/

印刷所 製本所	図書印刷株式会社

©Hiromi Ishikawa, Mariko Endo 2002　Printed in Japan
落丁・乱丁本は送料弊所負担にてお取り替えいたします。
ISBN4-569-57797-0